KB264050

AI
로봇 구조
교과서

일러두기

- 로봇공학과 관련해 더 깊은 학습을 원하는 독자를 위해 '심화 학습' 코너를 마련했다. 본문에서 설명하는 각 주제가 끝날 때마다 등장한다. 코너에서 정리한 키워드와 참고 자료를 공부에 활용하자.
- '생각할 거리' 코너는 기술적 고민을 넘어 인간과 기술의 경계에서 존재와 주체성에 대한 철학적 질문을 던진다. 로봇과 공존해야 하는 시대가 다가오는 이때, 독자 스스로 깊이 있는 사유와 통찰을 얻도록 이끄는 이정표 역할을 할 것이다.

AI 로봇 구조 교과서

엔비디아·Figure AI·테슬라,
AI 산업의 패권을 결정할 로봇 메커니즘 해설

유승남 지음

보누스

"기계는 생각할 수 있는가?"

튜링이 던진 이 물음은 오늘날 "기계는 자기 자신을 인식할 수 있는가?", "기계는 윤리적 존재가 될 수 있는가?", "기계는 책임을 질 수 있는가?" 등 더 깊고 복합적인 질문으로 발전했다. 이제 우리는 단순한 계산기나 자동화 장치가 아니라, 감각하고 인식하며 스스로 결정을 내리는 존재인 '로봇'을 마주하고 있다.

여전히 많은 이가 '로봇' 하면 금속 몸체에 전선이 엉킨 기계를 떠올리지만, 요즘 로봇은 훨씬 더 복합적이고 섬세한 존재다. 공간을 인식하고 언어를 이해하며, 인간의 몸짓과 감정에 반응한다. 때로는 인간보다 더 정확하게 상황을 판단하기도 한다. 그 기반에는 인공지능이라는 지능적 연산 체계가 있다.

이 책은 인공지능을 기반으로 한 로봇의 현재와 가능성을 다양한 관점에서 살펴보고자 한다. 단지 기구학(기계공학의 한 분야로 기계를 구성하는 각 부분의 짜임새와 기능에 관한 이론을 다루는 학문) 공식이나 제어공학 이론을 나열하는 데 그치지 않고, 로봇이 어떻게 세상을 인식하고 이해하며, 판단하고 행동하는가를 중심축으로 삼았다. 이를 위해 우리는 다음과 같은 질문들을 따라간다.

1. 로봇은 어떻게 시각·청각·촉각과 같은 감각을 구현하고 데이터를 통합하는가?

2. 인공지능은 어떻게 로봇에 판단력과 계획 능력을 부여하는가?

3. 인간과 로봇은 어떻게 소통하며 협업할 수 있는가?

4. 로봇은 자기 상태를 인식하고, 자신을 스스로 개선할 수 있는가?

5. 우리는 로봇에 책임을 물을 수 있는가?

각 장에서는 컴퓨터 비전, 음성인식, 강화학습, 자기 상태 인식, 윤리와 책임성, 디지털 트윈과 시뮬레이션 기술, 대규모 언어 모델(LLM) 등을 포함한 최신 AI 기술이 로봇에 어떻게 적용되고 있는지를 다양한 사례와 함께 풀어낸다.

물론 인공지능과 로봇공학의 놀라운 발전 속도와 방대한 지식 체계를 고려할 때 이 모든 것을 책 한 권에 담는 일은 녹록지 않다. 하지만 바로 그렇기에, 지금 우리가 어디에 서 있는지를 성찰하고, 거대한 흐름 속에서 의미 있는 이정표를 세워보는 일이 더욱 절실하다.

이 책은 이미 시중에 나온 공학 교과서의 틀을 넘고자 한다. 지능이란 무엇인지, 존재란 무엇인지, 그리고 인간과 기계가 어떻게 공존할 수 있는지를 함께 고민하려는 독자를 위한 안내서다. 우리가 다룰 이야기는 기술이지만, 결국 그것은 로봇과 공존해야 할 우리 자신을 향한 질문이기도 하다.

유승남

차례

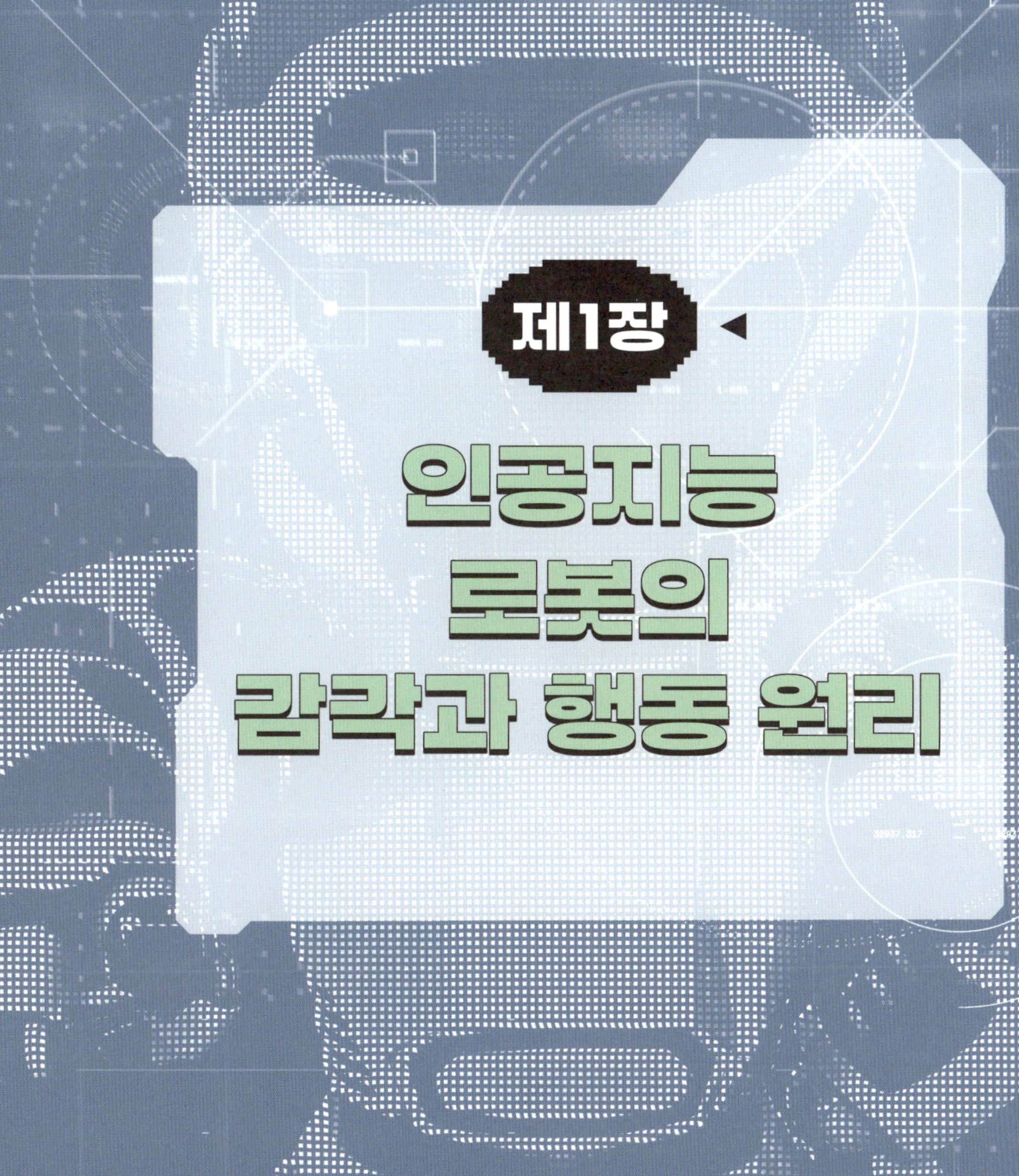

제1장
인공지능 로봇의 감각과 행동 원리

센서:
로봇은 어떻게 세상을 느끼는가?

인간이 눈, 코, 귀, 몸으로 세상을 경험하듯 로봇은 센서를 이용해 비로소 물리 세계와 연결된다. 센서가 수집한 방대한 데이터는 로봇 지능의 토대가 되며, 모든 판단과 행동의 출발점이기도 하다. 여기서는 로봇의 내부 상태를 감지하는 센서(내재 수용 감각)와 외부 환경을 인식하는 센서(외재 수용 감각)를 차례로 탐구해 볼 것이다.

자기 자신을 인식하는 센서

관절 인코더, IMU, 힘-토크 센서

인간은 눈을 감고도 자신의 손이 어디에 있는지 안다. 눈을 감고도 팔이 어디 있는지 알 수 있는 능력, 즉 내 신체의 위치와 움직임을 감지하는 능력이 '고유감각'이다.

로봇에도 이와 같은 고유감각이 필요하다. 관성 측정 장치인 IMU(Inertial Measurement Unit), 관절 인코더(encoder, 로봇공학계는 엔코더라고 부름), 힘-토크 센서(Force-Torque Sensor) 같은 '자기 상태 인식 센서'들은 로봇이 스스로 관절의 꺾임(인코더), 움직임의 속도와 기울기(IMU), 외부에서 받는 힘(힘-토크 센서)을 실시간으로 모니터링하고 계산할 수 있게 해준다. 이것은 로봇이 '자아'를 인식하기 위한 물리적 기초가 된다.

'내 몸의 위치를 안다는 것'은 자기 인식의 시작

로봇이 길을 걷는다. 단순한 걷기지만, 바닥은 미세하게 기울어져 있고 장애물은 예기치 않게 나타난다. 그 순간 로봇은 자기의 무게중심이 흔들리는 것을 감지하고, 두 다리의 움직임을 조절해서 다시 균형을 잡는다.

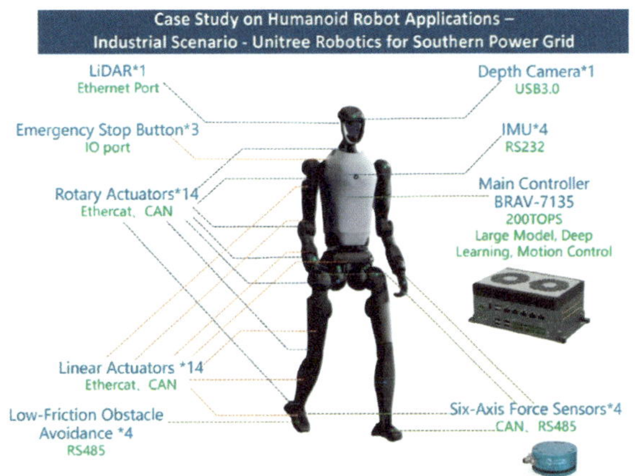

출처:jhc-technology.com/humanoid_robot_dedicated_controller

위 사진을 보자. 휴머노이드 로봇 내부의 센서 구조를 알 수 있다. 최근 주목받는 유니트리사(社)의 휴머노이드 로봇은 라이다(LiDAR, Light Detection and Ranging), Depth Camera와 같은 비전 센서를 비롯해 IMU와 같은 자세제어 센서와 6축 힘센서 등을 다양하게 구비하고 있다.

12쪽 왼쪽 그림은 로봇이 넘어질 때, 먼저 무게중심점(Center of Mass, CoM)을 빠르게 앞으로 이동시켜 선형 운동량(Linear Momentum)을 확보하고, 이때 생긴 추진력을 이용해 앞으로 디딤발을 내디뎌 균형을 회복하는 방식을 보여준다. 즉 기술적 관점으로 살펴보면 빠르게 이동할 수 있는 다리를 제어(Swing Leg Placement)해서 무게중심점의 경로를 예측하고, 그것이 지지 다리(Stance Foot)로부터 얼마나 벗어나는지 계산해서 Instantaneous Capture Point(ICP) 또는 Zero Moment Point(ZMP) 기반의 보정 전략을 취하는 것이다.

오른쪽 그림은 로봇이 넘어질 때, 먼저 상체(Upper Body)를 빠르게 회전시켜 각운동량(Angular Momentum)을 확보하고, 이를 통해 자세를 조절한 뒤 발을 디디는 방식을 보여준다. 기술적 관점에서 살펴보면 상체의 관성 모멘트(inertia)를 활용해 빠른 회전 가속도를 만들고 무릎, 골반, 팔 등의 회전 관절을 빠르게 조작해 동체 회전

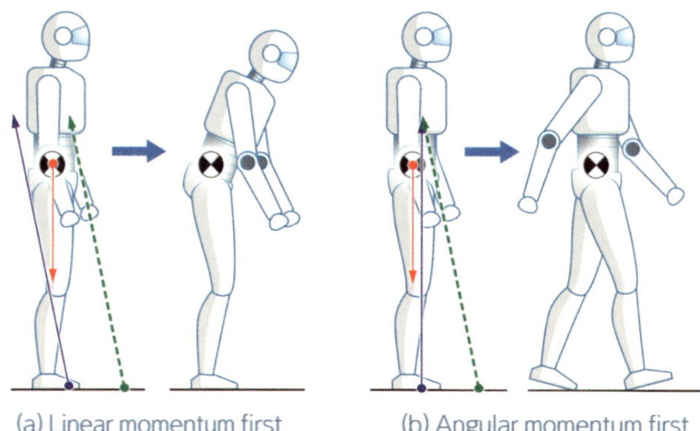

출처: Zhongqu, X., Long, L., Xiang, L. (2021). A Balance Controller of the Humanoid Robot Based on Momentum Under External Impact. In: Chew, E., et al. RiTA 2020. Lecture Notes in Mechanical Engineering. Springer, Singapore. doi.org/10.1007/978-981-16-4803-8_17

을 생성하는 Angular Momentum Regulation 기법(예를 들어 Reaction Mass Pendulum control)이라고 할 수 있다.

휴머노이드 로봇이 자율적으로 움직이기 위해서는 무엇보다 먼저 자신의 현재 상태를 정확히 인식해야 한다. 이를 위해 로봇은 감지(sensing), 판단(planning), 실행(control)의 세 단계로 구성된 제어 시스템을 갖추고 있으며, 각각은 상호 유기적으로 연결돼 로봇의 자기 인식을 실현한다.

먼저 감지 단계에서는 로봇의 신체 곳곳에 장착된 다양한 센서를 통해 외부와 내부의 정보를 수집한다. 대표적으로는 관성 측정 장치(IMU)를 사용해 로봇의 기울기나 회전 속도를 측정하고, 힘-토크 센서를 활용해 지면으로부터의 반작용력(GRF, Ground Reaction Force)을 정밀하게 감지한다. 이러한 센서 데이터는 로봇이 지금 어떤 자세를 취하고 있는지, 어느 발에 무게가 실려 있는지, 균형이 무너지고 있는지 등을 파악하는 데 필수적인 정보를 수집한다.

다음으로 판단 단계에서는 감지된 정보를 바탕으로 현재 운동 상태를 분석하고, 적절한 보정 전략을 결정한다. 예를 들어 균형이 크게 무너지는 상황에서는 한쪽 발을 내디뎌 균형을 회복하는 스테핑 전략(Stepping Strategy)을 선택할 수 있으며, 상대

▪ 휴머노이드 제어 설계 시 고려 사항

감지	IMU, 힘-토크 센서 등을 이용해 자세 변화나 GRF 감지
판단	현재 운동량 분석 후, 스테핑 또는 각도 보정을 선택
실행	실시간 역동역학 및 전신 제어를 통해 동작 수행

적으로 안정된 상황에서는 몸통의 회전 각도를 조절해 자세를 바로잡는 각도 보정 (Angular Correction)을 적용할 수 있다. 이 판단 과정은 로봇이 자신의 상태를 해석하고, 그에 맞는 대응을 계획하는 일종의 인지적 판단 기능에 해당한다.

마지막으로 실행 단계에서는 결정한 전략을 실제 동작으로 구현하는 제어를 수행한다. 이때 로봇은 역동역학(Inverse Dynamics) 기법을 이용해 각 관절에 필요한 토크를 계산하고, 전신 제어(Whole-body Control)를 통해 몸 전체의 관절을 유기적으로 조절해서 부드럽고 안정적인 동작을 구현한다. 이 과정은 로봇이 의도한 행동을 물리적으로 실현하는 핵심적인 단계이며, 높은 실시간성과 정밀도가 요구된다.

이처럼 휴머노이드 로봇은 자신의 상태를 실시간으로 감지하고 분석하며, 그에 따라 적절한 움직임을 생성하는 일련의 과정을 통해 자기 인식을 실현한다. 이러한 구조는 단순한 외부 명령 수행 기계가 아니라, 변화하는 환경에서도 자율적으로 균형을 유지하고 적응하는 지능형 시스템으로 로봇을 기능하게 하는 핵심 기제다.

이 같은 균형잡기나 보행은 단순히 프로그램된 행동이 아니다. 이는 로봇이 자기 몸의 상태를 실시간으로 인식하고 대응한 결과다. 로봇은 자기 몸을 느끼고 인식해서 조절할 수 있다. 이 능력이 없다면 로봇은 한 걸음도 움직이지 못한다.

실제 사례 한 가지를 살펴보자. 보스턴 다이내믹스(Boston Dynamics)의 휴머노이드 로봇인 아틀라스(Atlas)는 균형 유지와 동작 수행을 위해 고도로 발달한 내부 센서와 제어 알고리즘을 활용한다. 아틀라스는 관성 측정 장치, 힘-토크 센서, 관절 위치 센서 등을 이용해 자신의 자세, 속도, 가속도, 지면 반발력 등을 실시간으로 감지한다. 이러한 센서 데이터를 바탕으로 로봇은 현재 상태를 정확히 인식하고, 필요한 경우에 균형을 회복하는 전략을 수립하는 것으로 알려져 있다.

출처:bostondynamics.com/atlas

특히 아틀라스는 MPC(Model Predictive Control) 기법을 적용해, 현재 상태를 기반으로 미래 동작을 예측하고 최적의 행동을 결정하는데, 이러한 제어 방식은 로봇이 예상치 못한 외부 충격이나 환경 변화에도 빠르게 대응할 수 있도록 한다. 예를 들어 균형이 무너질 위기에 처했을 때, 아틀라스는 한 발을 앞으로 내딛는 스테핑 전략을 통해 균형을 회복한다. 이 전략은 로봇이 자신의 상태를 인식하고, 그에 맞는 행동을 계획해 실행하는 과정을 포함한다. 이런 아틀라스의 능력은 단순한 감지를 넘어 자기 인식과 행동 계획, 실행까지 아우르는 통합 시스템의 결과다. 이는 로봇이 인간과 유사한 방식으로 환경에 적응하고, 복잡한 동작을 수행할 수 있도록 하는 핵심 요소다. 특히 아틀라스는 좁은 발판 위를 걷거나 공중에서 회전한 후 착지할 수 있는데, 이런 정교한 동작은 바로 자기 상태 인식 센서와 실시간 제어 알고리즘의 결합으로 가능한 것이다. 무게중심의 순간 변화와 관절의 회전 속도를 계속 측정하고, 그 정보에 기반해 어떤 발을 얼마나 앞으로 내디딜지 계산한다. 이처럼 자기 인식은 단지 '감지'가 아니라 행동을 유도하는 핵심 기능이다.

자기 상태를 느낀다는 것은 고립된 능력이 아니다. 자기 상태를 인지하고 이것이 행동으로 이어질 때, 비로소 로봇은 살아 있는 것처럼 보인다. 다음에는 로봇이 자기 내부가 아닌 외부 세계를 어떻게 인지하는지 알아보자.

---

1 휴머노이드가 앞으로 넘어질 때 앞으로 발을 디디며 균형을 되찾는 것을 스테핑 전략이라 하는데, 보스턴 다이내믹스의 아틀라스가 장애물에 부딪혔을 때, 한 발 앞으로 디디는 모습은 12쪽 왼쪽 그림에 있는 보행 전략에 해당한다.

'내가 지금 어디에 있는지'를 알 수 없다면, 나는 내가 존재한다고 말할 수 있을까? 인간 의식도 결국은 자기 상태를 감각하고 기억하며, 그것을 정체성으로 엮어내는 과정이다.

로봇 역시 끊임없이 자기 상태를 계산하고 데이터로 저장하며, 이에 기반해 행동한다. 이러한 '자기 인식'은 단지 기능에 그치지 않고, 존재와 주체성의 시작점이 될 수도 있다.

주요 자기 인식 센서의 종류

센서 종류	기능	실제 적용 예
IMU	가속도, 자이로 측정	자세 인식, 회전 제어
관절 인코더	관절 위치 / 속도 측정	로봇 팔, 다관절 로봇
힘-토크 센서	접촉력 / 모멘트 측정	그리퍼, 인간 협업 로봇

심화 키워드

① Proprioception in robotics

② Joint encoder / Resolver

③ IMU

④ Torque sensor, Force-torque control

⑤ Zero Moment Point(ZMP)

⑥ Estimation vs Direct sensing

참고 자료

① Stanford Humanoid Balance Control(YouTube)

② "Proprioceptive state estimation in humanoid robots"– IEEE Transactions on Robotics

③ "State Estimation Techniques for Legged Robots"– Boston Dynamics 발표 자료

④ ROS 패키지 : robot_state_publisher, joint_state_publisher

외부 상태를 인식하는 센서

카메라, 라이다, RADAR, 마이크, 온습도 센서

외부 상태 인식 센서는 세상과 상호작용할 수 있는 지각 능력을 로봇에 부여한다. 대표적으로는 카메라(RGB, RGB-D), 라이다, ToF 센서, 마이크, 온습도 센서 등이 있다. 이 센서들의 역할은 단순한 데이터 수집을 넘어선다. 로봇이 객체의 위치와 거리, 크기, 특성까지 판단할 수 있게 해주기 때문이다. 센서로 수집한 데이터를 바탕으로 로봇은 공간을 매핑(mapping)하고, 사람이나 사물을 인식하며, 위험을 회피하는 등 환경 중심의 자율성을 확보한다.

감각의 확장 – 인간에게 없는 감각을 가진 로봇

카메라와 라이다가 탑재된 로봇이 복잡한 실내 공간을 탐색한다. 이때 로봇은 사람, 가구, 벽 등 다양한 장애물을 피하면서 마치 자신만의 '시야'를 가진 듯 움직인다. 이 로봇은 눈(카메라)으로 보고, 피부(라이다)로 만지듯 거리와 깊이를 측정하며, 세상을 감각적으로 해석한다고 볼 수 있다.[2] 인간이 오감으로 세상을 파악하듯, 로봇도 센서로 주변 세계를 인식한다. 센서를 기반으로 인간 감각을 구현하는 일은 최근에 주목받는 휴머노이드 시스템에서 잘 드러난다. 17쪽 사진은 휴머노이드 로봇에 어떤 감각 센서가 적용되는지를 잘 보여준다.

다른 로봇 플랫폼으로 대상을 넓혀 실제 사례를 좀 더 살펴보자. 자율주행 자동차에 널리 탑재된 라이다는 주변의 도로·차량·보행자까지 정밀하게 3차원 스캔한다. 이를 통해 차량은 실시간으로 도로 상황을 인식하고, 정지선에서 멈추거나 회피 경로를 설정할 수 있다. 이 장치는 로봇에도 활발하게 적용되고 있다.

라이다는 레이저 빔을 사용해 물체까지의 거리를 측정하는 방법을 활용한다. 따

---

2 라이다와 카메라에도 약점은 있다. 폭우가 쏟아지거나 짙은 안개가 끼면 시야가 가려지기 때문이다. 이때 필요한 것이 바로 레이더(RADAR)다. 레이더는 정밀한 형상을 알 수 없지만, 전파를 쏴서 악천후에도 물체의 유무와 움직이는 속도를 정확히 감지한다. 그래서 자율주행 로봇은 마치 우리가 눈과 귀를 함께 쓰듯, 라이다의 정밀함과 레이더의 강인함을 합쳐 세상을 인식한다.

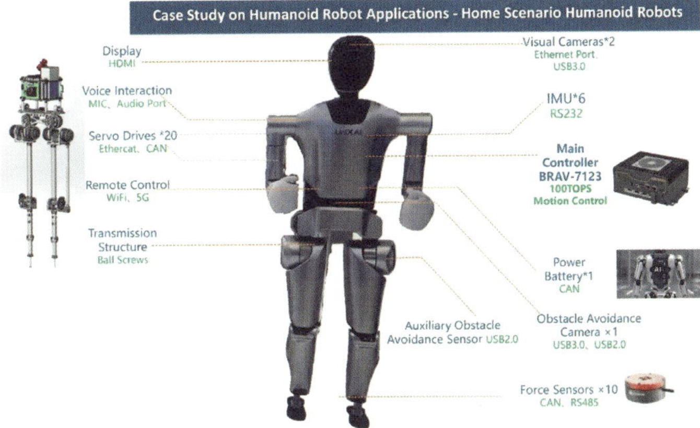

출처:jhc-technology.com/humanoid_robot_dedicated_controller

덴마크기술연구소의 센서를 Spot 로봇에 적용한 사례

출처:dti.dk/services/sensor-tower-opens-new-options-with-the-spot-robot/42554

라서 2D / 3D 레이저 스캐닝이라고도 하는 라이다는 일종의 '회전형 레이저 눈금 자'로 생각할 수 있다. 덴마크기술연구소(DTI)가 Spot 로봇에 사용한 라이다 센서는 자율주행 자동차에 사용되는 것과 유형이 같다. 이 센서는 지상뿐만 아니라 공중에 서도 내려다볼 수 있어 로봇이 움직이는 주변 환경을 담은 상세한 3D 지도를 제공해 준다.

라이다는 거리 정밀도가 매우 높으면서 방위도 알 수 있는 액티브(active) 센서로 조명의 영향을 받지 않으므로 야외에서도 사용할 수 있다. 따라서 최근에는 실내외에서 운용되는 자율이동 로봇에 없어서는 안 될 센서로 자리 잡고 있다.

여기서는 2D 라이다의 원리를 설명하고자 한다. 라이다는 레이저 빔을 송신부에서 출력하고, 수신부에서 수신한 빔의 위상차를 측정해 거리와 방위를 알아낸다. 송신부는 수직축(Z축)을 중심으로 주위를 반시계 방향으로 회전하며 일정 각도마다 데이터를 취득한다. 라이다는 2도 간격으로 360도를 회전하며 데이터를 획득할 수 있다. 이때 얻은 데이터군은 레이저 빔이 부딪힌 물체에 해당하는 점의 거리와 방위의 집합으로, 이것을 점군 혹은 포인트 클라우드(Point Cloud)라고 한다. 또한 라이다 제품에 따라 거리와 방위 데이터 외에 물체의 반사 강도도 알 수 있다. 이것을 사용하면 물체 식별도 가능하다.(자세한 라이다 센서의 사례와 데이터 측정 원리는 137쪽을 참고)

앞서 살펴봤듯 여러 센서의 도움으로 로봇은 세상을 볼 수 있게 됐다. 하지만 인식한 대상을 두고 어떻게 반응하고 실행할 것인가? 이제 센서가 제공한 정보를 바탕으로 로봇이 어떻게 동작할 수 있는지, 제어 기술과 개념을 살펴본다.

▶ LiDAR를 이용해 주변 환경을 인식하는 모습

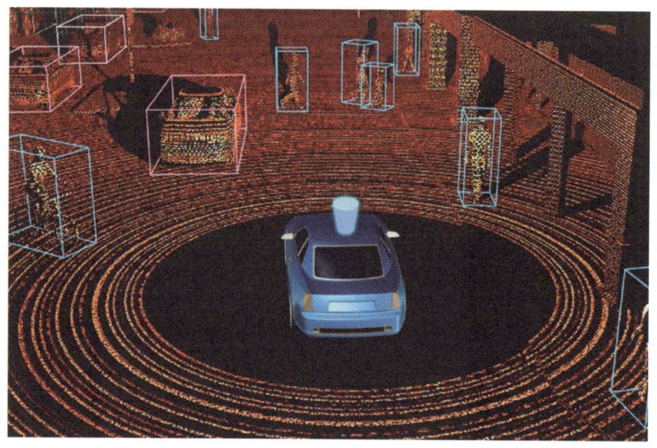

감각 확장은 단지 다양한 물리적 센서를 장착하는 게 아니다. AI 로봇은 물리적 세계를 넘어서, 정보 공간(Information Space) 안에서도 감각을 작동시킨다. 예컨대 감정 인식 기능이 있는 로봇은 사람의 말투나 억양에 담긴 미세한 감정 신호를 감지할 수 있다. 단순히 소리를 듣는 수준을 넘어서, 말에 담긴 감정의 의미를 읽어내는 것이다.

일본의 Pepper 로봇은 사람의 음성을 분석해 기쁨, 불안, 슬픔과 같은 감정 상태를 세 가지 축(기분, 확신, 각성도)의 공간에 좌표처럼 매핑한다. 이것은 로봇이 감정을 해석할 수 있는 '정서 지도'를 내부적으로 갖고 있다는 것을 의미한다. 이처럼 로봇은 물리적 센서뿐 아니라 정서적 신호까지 감지하는 방향으로 감각을 확장하고 있으며, 이는 향후 로봇이 사회적 상호작용 능력을 갖추는 데도 영향을 줄 것이다.

주요 외부 인식 센서의 종류

센서 종류	특징	주요 용도
RGB 카메라	2D 컬러 이미지	객체 인식, 시각 기반 제어
Depth 카메라	거리 정보 포함	제스처 인식, SLAM
LiDAR	고정밀 3D 거리 측정	자율주행, 공간 매핑
마이크	음성 및 소리 인식	음성 명령, 상황 판단

심화 키워드

① Sensor Fusion
② LiDAR SLAM, Visual SLAM
③ RGB-D camera, Time-of-Flight(ToF)
④ Depth estimation / 3D reconstruction
⑤ Semantic segmentation
⑥ Perception pipeline

참고 자료

① MIT Mini Cheetah : Visual-Inertial Navigation(YouTube)
② "A Survey of Sensors for Robotic Perception" - Springer Robotics Reviews
③ OpenCV 기반 객체 탐지 튜토리얼
④ ROS 패키지 : realsense-ros, velodyne, hector_slam

제어:
감각을 행동으로 연결하는 고리

센서는 세계를 느끼게 해주지만, 그 느낌에 반응하는 능력이 없다면 그것은 단순한 기록일 뿐이다. 이제 우리는 감각이 행동으로 이어지는 제어의 세계로 들어간다. 로봇은 무엇을 어떻게 실행할 수 있을까?

하위 제어 - 실시간 반응의 기술

모터 제어, PID, 실시간 시스템

공장 조립 라인에서 로봇 팔이 초당 수십 번씩 반복적으로 움직이며 부품을 정확히 조립하는 모습을 보자. 속도는 빠르지만 단 한 번의 실수도 없다. 작업 중인 센서가 미세한 외부 충격을 감지하자, 로봇은 즉시 속도를 낮추고 작동을 멈춘다. 이 반응은 사람의 개입 없이도 밀리초 단위로 이뤄진다. 마치 본능처럼 기계는 반사적으로 움직인다. 이는 로봇의 '제어'라는 기능 덕분에 실현되는데, 당연하게도 이러한 제어는 실시간으로 이뤄진다.

일례로 로봇이 작업 중에 예기치 못한 외부 충격을 받았을 때, 사람이 개입하지 않아도 로봇은 즉시 속도를 낮추거나 동작을 멈춘다. 이 반응은 마치 본능처럼 빠르고 정확하게 이뤄진다. 이와 같은 일이 가능한 이유는 로봇이 실시간으로 자기 상태를 감지하고 처리하며, 제어 명령을 실행하는 감지 – 제어 – 작동 구조를 갖추고 있기 때문이다.

먼저 로봇은 관성 측정 장치, 힘-토크 센서, 관절 위치 센서 등 다양한 센서(sensing)를 이용해 외부 환경과 자신의 움직임을 계속 측정한다. 센서에서 수집된

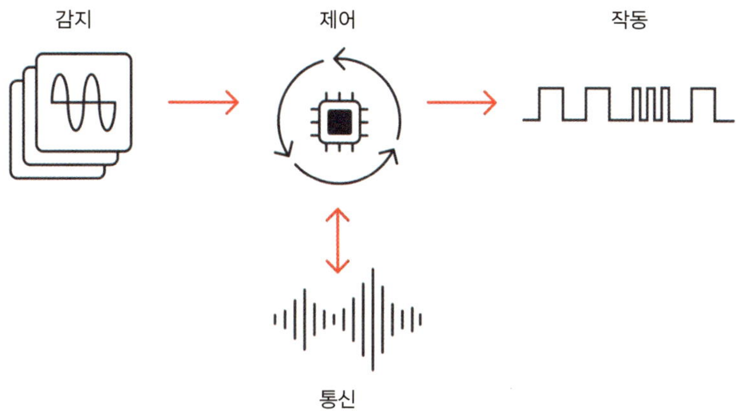

신호는 즉시 처리(processing) 모듈로 전달되며, 현재 상태를 해석하고 필요한 대응 전략을 계산한다. 이 처리 과정에서는 실시간 데이터 통신(communication) 또한 매우 중요하다.

로봇 내부에 있는 센서, 제어기, 액추에이터 사이의 신호는 지연 없이 주고받아야 하며, 이 과정이 밀리초 단위로 반복된다. 이후 계산된 제어 명령은 작동, 즉 액추에이션(actuation) 단계로 전달되며, 모터나 관절 등 로봇의 구동 장치에서 실행된다. 이 모든 과정은 한 사건이 발생한 후 단 몇 밀리초 안에 순차적으로 완료해야 한다. 중간에 지연이 발생하면 로봇은 균형을 잃거나 충돌을 피하지 못한다. 이러한 제어 흐름은 위 그림에서 보듯 '감지 → 제어(처리) → 작동'의 한 방향뿐만 아니라, '제어 ↔ 통신'의 반복적인 상호작용을 통해서도 완성된다.

실시간 제어 시스템은 일반적으로 세 가지 주요 기능 블록으로 구성된다.

① **감지**: 시스템의 상태를 파악하기 위한 데이터 수집 단계다. 전압, 전류, 온도, 위치, 속도 등 주요 물리량을 측정한다.

② **제어**: 수집된 데이터를 해석해 필요한 명령을 계산한다. 이 단계에서는 다양한 제어 알

고리즘이 적용되며, 일반적으로 마이크로컨트롤러(MCU)나 DSP 기반의 고속 처리 장치가 사용된다.

③ **작동**:계산된 명령을 실제 시스템에 적용한다. 예를 들어 PWM 신호를 이용해 모터를 구동하거나, 출력 장치의 작동을 제어한다.

여기에 추가로 통신 기능이 통합되면 시스템 또는 내부 구성 요소 사이에서 고속·결정론적 데이터 교환이 가능하다. 이는 이더넷(ethernet), SPI, FSI(Fast Serial Interface)와 같은 인터페이스를 통해 이뤄진다.

반면에 많은 일상적 제어 시스템은 실시간이 아닌 느린 주기의 제어를 기반으로 작동하기도 한다. 예를 들어, 비닐하우스에서 활용하는 일조량 제어의 경우를 보자. 이때 센서가 태양광의 세기를 측정하더라도 즉시 반응하지 않는다. 차광막이 작동하는 시점은 일반적으로 수분 단위의 간격을 두고 판단하는데, 이는 식물의 생육 속도나 환경 변화가 급격하지 않기 때문이다. 비닐하우스의 제어 시스템은 '지금 당장 반응해야 하는가?'라는 질문에 '예'라고 답하지 않아도 되는 환경에 있다.

비슷한 맥락에서 건물의 냉난방 시스템 역시 실내 온도가 조금씩 변하더라도 몇 분 단위로만 냉방기나 난방기가 작동하며, 시스템은 느긋하게 반응한다. 또한 전력 수급 조절과 같은 발전소의 관리 시스템은 수 시간 또는 수일 단위의 예측에 따라 발전량을 조절한다. 이들 시스템은 빠르게 반응하는 것보다 장기적인 안정성과 효율을 우선시한다.

이러한 비실시간 제어와 비교하면, 로봇 제어는 훨씬 더 긴박하고 즉각적인 반응을 요구한다. 특히 휴머노이드 로봇은 넘어짐, 충돌, 낙상 등과 같은 물리적 위험에 직면할 수 있어서 단 0.1초의 지연조차 치명적일 수 있다. 그래서 로봇은 감지 - 제어 - 작동의 전 과정이 끊임없이 반복되며, 아주 짧은 시간 간격으로 작동해야 하는 실시간 제어 구조를 갖추고 있다. 즉 로봇의 실시간 제어는 단순히 빠르게 처리하는 것이 아니라, 생존을 위한 본능적 반응에 가까운 핵심 메커니즘이라 할 수 있다.

강화학습에 기반한 로(low) 레벨 제어

최근에는 토크 기반 제어, 임피던스 제어, 모델 예측 제어(MPC)[3] 등의 기법을 적용해서, 로봇이 환경 변화에 더 유연하게 반응하도록 발전시키고 있다. 이 계층의 핵심은 속도와 안정성이다. 1밀리초 단위로 작동하는 제어 루프는 마치 신경 반사처럼 외부 자극에 반응하고, 이를 통해 로봇은 균형을 유지하고 정확히 작업을 수행할 수 있다. 한편 강화학습(Policy-based Reinforcement Learning, RL)은 인공지능 에이전트가 특정 환경에서 시행착오를 통해 행동하고, 그 결과로 얻는 보상을 최대화하는 방향으로 최적의 전략을 스스로 학습하는 머신러닝 방식이다. 아래에서 각 제어기의 특징을 알아보자.

PID 기반의 딥러닝 기반 제어기

PID는 고전적인 제어기에 속하는데, 이를 인공지능과 결합할 수도 있다. 24쪽 그림을 보자. 딥러닝[4] 제어기를 설계하기 위해 먼저 PID 제어기를 설계하고 검증한다.[그림 (a)] 그런 다음 수행된 PID의 입력/출력 정보를 학습 알고리즘의 입력/목표 데이터로 사용해 딥러닝 제어기로 원래의 PID 제어기를 대체할 수 있도록 조정한다.[그림 (b), 입력:DC 모터 상태, 출력:PID 제어기와 같은 출력값] 최종적으로 DC 모터는 딥러닝 제어기에 의해서만 제어된다. 즉 그림 (b)는 딥러닝이 기존 PID 제어 출력을 학습하는 개념을 나타내며, (c)는 학습된 딥러닝 모델이 PID 없이 단독으로 제어를 수행하는 개념을 나타낸다.

하위 제어는 로봇이 물리적인 환경에 빠르고 정밀하게 반응하는 계층이다. PID 제어기와 같은 고전적인 피드백 제어 방식은 여전히 널리 사용되며, 모터나 액추에이터를 미세하게 제어하는 데 핵심 역할을 한다.

---

3   보스턴 다이내믹스의 아틀라스는 MPC 기법을 이용해 현재 상태를 기반으로 미래 동작을 예측하고 최적의 행동을 결정한다. 이러한 제어 방식은 로봇이 예상치 못한 외부 충격이나 환경 변화에도 빠르게 대응할 수 있게 해준다.
4   사람이 규칙을 일일이 가르쳐주지 않아도, 패턴을 스스로 학습하는 인공지능 기법이다.

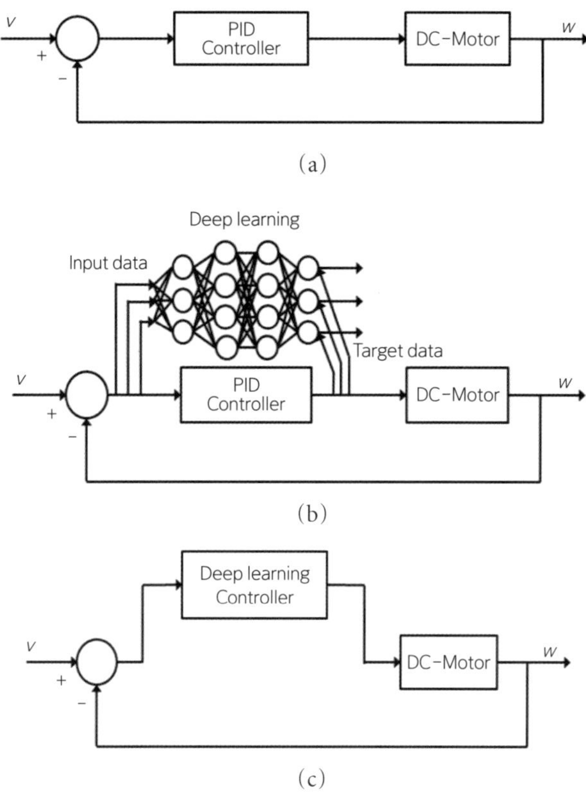

출처: Cheon, K., Kim, J., Hamadache, M., & Lee, D. (2015). On replacing PID controller with deep learning controller for DC motor system. Journal of Automation and Control Engineering Vol, 3(6), 1-5.

모델 예측 제어 vs 강화학습 기반 제어

25쪽 그림은 로봇 제어에서 모델 예측 제어 방식과 강화학습 방식이 각각 어떻게 의사결정을 내리고 로봇에 명령을 전달하는지를 비교한 것이다. 전통적인 MPC 기반 제어 방식은 환경으로부터 속도, 방향, 센서 데이터 등의 상태 정보를 받아 모델 예측 제어기(MPC)가 미래 상태를 예측하고 최적화를 수행해서 즉각적인 제어 출력을 생성한다. 이 출력은 모션 플래닝, 역기구학, 실행 단계를 거쳐 로봇(plant)에 전달돼 실제 동작을 수행하며, 주로 수학적으로 해석 가능한 구조이기 때문에 디버깅 및 조정이 쉽다는 장점이 있다.

반면 강화학습 기반 제어는 같은 상태 정보를 입력받지만, 사전에 훈련된 신경망 정책(policy, 인공지능 에이전트가 특정 상황에서 어떤 행동을 할지 결정하는 행동 규칙 또는 전략)이 직접 제어 출력을 생성한다. 이후의 제어 흐름은 모션 플래닝, 역기구학, 실행 단계를 똑같이 따른다. 이 방식은 복잡하고 예측이 어려운 환경에서도 높은 일반화 성능을 보이며, 학습을 통해 새로운 상황에 적응할 수 있는 유연성도 있다. 또한 연산 자원이 덜 소모되고, 반응 속도 측면에서도 빠르다.

위 내용과 관련해서 실제 사례를 좀 더 살펴보자. 협동 로봇이 좋은 예가 될 수 있다. UR5나 Franka Emika와 같은 협동 로봇은 일반적으로 임피던스 제어 및 고속 힘/토크 피드백 루프를 통해 충돌 시 즉시 정지하거나 경로를 수정하는 안전 제어를 수행한다. 기존 MPC를 적용하는 대신 강화학습 기반 제어를 적용해서 사람과 상호작용을 하면 더욱 유연하고 적응된 반응을 학습하는지를 연구하는 중이다.

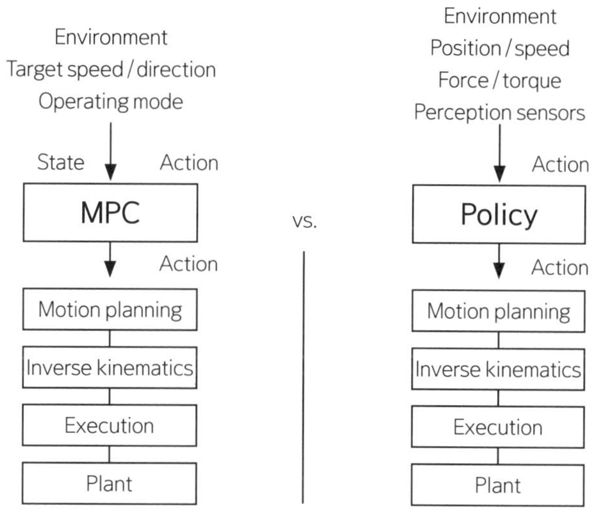

출처 : Cheon, K., Kim, J., Hamadache, M., & Lee, D. (2015). On replacing PID controller with deep learning controller for DC motor system. Journal of Automation and Control Engineering Vol, 3(6), 1-5.

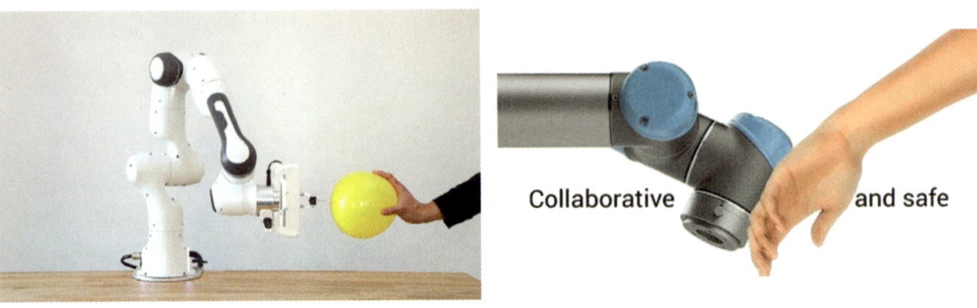

왼쪽은 Franka Emika사의 The Panda Research 3, 오른쪽은 Universal Robots사의 UR5 로봇이 보유한 안전 기능을 보여준다.

출처 : Franka Emika 유튜브 채널, universal-robots.com

🔹 UR5와 The Panda Research 3의 비교

로봇 모델	제어 방식 구분	MPC 적용 여부	강화학습 적용 여부	주된 사용 방식
UR5	힘/토크 기반 피드백 +임피던스 제어	×	일부 연구	충돌 감지 및 안전 제어
The Panda Research 3	고속 힘 제어 루프+ 어드미턴스 제어	×	일부 연구	정밀 작업, 유연한 동작, 안전 협업

보행 로봇 분야에서도 사례를 찾을 수 있다. 보스턴 다이내믹스의 Spot은 4족 보행을 하는 중에 지면 변화나 방해물이 나타나면 즉각적으로 자세를 바로잡는다. 이러한 모든 능력은 하위 제어 알고리즘과 고속 센서 피드백을 결합한 덕분이다.

Spot은 다리형 이동 메커니즘을 이용해 공장, 원전 해체 현장, 극지방 광산 등 구조화되지 않은 다양한 환경에서 정밀한 점검 및 조작 작업을 수행할 수 있다. 기존에는 모델 예측 제어를 기반으로 다중 시나리오를 동시에 평가해서 최적의 보행 전략을 선택하는 방식을 사용했으나, 최근에는 실제 환경의 복잡성과 다양한 실패 조건에 유연하게 대응하려고 강화학습 기반 제어 방식도 쓰고 있다. 이 방식은 수백만 회의 시뮬레이션 데이터를 학습시킨 정책을 로봇에 적용해서 연산 효율성과 환경 적응성을 동시에 확보하며, 특히 미끄럽거나 불규칙한 지형에서도 넘어짐 없이 안정적인 보행을 유지한다. 이러한 학습 기반 제어는 현장에 배치하기 전에 내부 테스

트 플릿(fleet, 테스트를 위해 운용하는 동종의 장비나 시스템 집단)을 활용해서 수천 시간 단위로 검증하며, 로봇의 신뢰성과 운용 효율성을 비약적으로 향상한다.

'반사적 반응'은 인간의 무의식이자 생존 기술이다. 로봇의 하위 제어는 이러한 본능적 움직임을 기계적으로 재현한 것이라 할 수 있다. 이는 단순히 명령을 따르는 것이 아니라, 외부 변화에 스스로 반응하는 자율적 기제다.

▶ 보스턴 다이내믹스의 4족 보행 로봇 Spot

출처 : bostondynamics.com/blog/starting-on-the-right-foot-with-reinforcement-learning

▶ 모델 예측 제어를 기반으로 최적의 보행 전략을 선택하는 Spot의 보행 방식

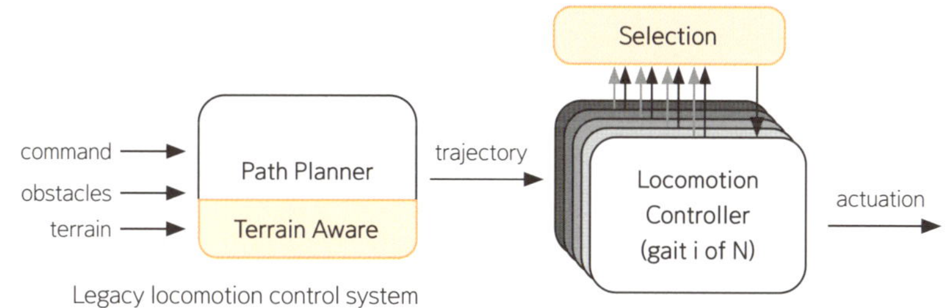

출처 : bostondynamics.com/blog/starting-on-the-right-foot-with-reinforcement-learning/

감각은 존재의 조건이다. 내가 세계를 인식할 수 없다면, 나는 세계에 존재하지 않는 것과 같다. 로봇이 외부 상태를 감지하고 그에 따라 움직인다는 것은 로봇이 단순히 '내부 시스템'에 머무르지 않고 '세상에 있는 존재'로 나아갔다는 의미다. 이 감각이 확장되면 로봇은 인간보다 더 많은 주파수를 듣고, 더 넓은 영역을 스캔하며, 어쩌면 인간보다 더 정확하게 인식한 '세상'에서 살게 될지도 모른다.

제어 방식 비교

제어 방식	특징	적용 예
PID 제어	단순, 실시간 응답	온도 제어, 위치 유지
임피던스 제어	유연한 물리적 반응	협동 로봇 팔
모델 예측 제어	미래 예측 기반 최적화	자율주행 로봇, 드론
강화학습 기반 제어	경험 기반 반응 학습	보행 로봇, 적응형 조작

심화 키워드

① PID / Impedance Control / Admittance Control

② Real-time loop / Latency

③ Low-level control vs High-level abstraction

④ MPC

⑤ Actuator dynamics / Servo control

⑥ ROS Control / EtherCAT

참고 자료

① "A Tutorial on Impedance Control" - Hogan, MIT

② Franka Emika robot control API

③ "Real-Time Control Systems for Robotics" - Springer

④ Robot Joint Control : ROS Examples

하위 제어는 생각이 아닌 반사지만, 그것이 없다면 고차원적 인식이나 판단은 성립하지 않는다. 인식은 반응에서 시작한다. 로봇도 마찬가지다.

로봇은 이제 본능적으로 반응할 수 있다. 하지만 '어떤 목적'을 가지고 행동하려면 계획과 의도가 필요하다. 즉 빠르고 정확한 움직임은 '하위 제어'의 영역이지만, 로봇이 복잡한 임무를 수행하려면 행동을 계획하고 명령을 분해하는 고차원적 통제가 필요하다. 그다음 단계는 바로 '상위 제어'다. 로봇이 무엇을 어떻게 할지를 스스로 계획하고 명령하는 상위 제어의 세계를 살펴보자.

상위 제어 - 의도와 계획의 탄생

행동 계획, 작업 계획(Task Planning)

서비스 로봇에 "복도를 따라가서 문을 열고, 안에 있는 사람에게 커피를 건네줘."라는 명령을 내려보자. 로봇은 이 복합 명령을 '이동→문 인식→손잡이 조작→사람 인식→전달'로 분해하고, 각 단계를 순차적으로 계획한다. 갑자기 사람이 앞을 가로막으면 로봇은 경로를 바꾸고, 사람이 없는 경우에 컵을 지정된 위치에 두기도 한다. 이것은 반응이 아닌 계획, 즉 기계적인 명령 이행이 아닌 의도적 판단이다.

상위 제어는 이처럼 로봇이 '무엇을 해야 하는가'를 계획하고 명령하는 계층이다. 여기에는 상태 머신(Finite State Machine, FSM), 행동 트리(Behavior Tree), 작업 계획(Task Planning), 고차원 목표 지시(Goal-level Command) 등이 포함된다. 이번에 다루는 상위 제어 개념은 다음과 같이 정리할 수 있다.

첫째, 상태 머신, 행동 트리, 계획 그래프(Planning Graph) 등의 구조와 작동 방식의 차이를 비교해 보자. 상태 머신은 로봇이 명확한 조건에 따라 미리 정의된 상태 간 전이(transition)를 반복하는 방식이다. 예컨대 '문 열기→안으로 들어가기→커피 집기→전달하기'와 같은 순서를 고정된 흐름으로 실행한다.

반면, 행동 트리는 조건 판단과 선택이 가능한 트리 구조를 이용해 좀 더 유연한 행동 분기를 만들 수 있다. 예를 들어 커피가 테이블에 없으면 '다른 방으로 가기'라

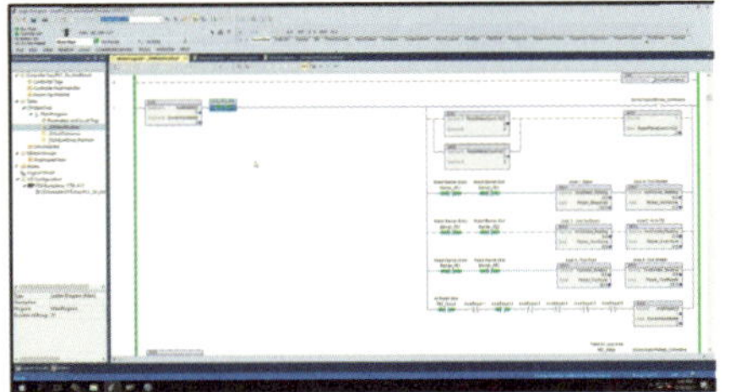

출처:Rockwell Automation

는 대안을 자동으로 선택할 수 있다. 계획 그래프는 시간이나 자원 제약까지 고려해서 여러 경로 중 최적의 작업 순서를 선택하는 데 활용한다. 이는 로봇이 동시에 여러 작업을 수행하거나 우선순위를 고려해야 하는 복잡한 상황에서 유리하다. 이러한 세 가지 방식은 로봇이 상위 목표를 어떤 논리 구조로 풀어내는지를 보여주는 대표적인 예다.

둘째, 고차원 명령이 어떻게 하위 행동으로 분해되고 다시 구체적인 동작 명령으로 연결되는지를 살펴보자. 예를 들어, "사람에게 커피를 건네라."라는 명령을 로봇은 다단계 계획으로 해석한다. 먼저 '사람이 어디 있는지 인식'해야 하며, 이어서 '해당 위치로 경로를 생성'하고, '손으로 커피를 잡아', '걸어가서', '적절한 위치에 놓는' 일련의 절차를 수행해야 한다. 이처럼 한 문장으로 표현되는 고수준 명령은 내부적으로 센서 정보, 시각 인식, 모션 플래닝, 자세제어 등 다양한 하위 계층의 기능들이 계단식으로 연결된 형태로 구현된다. 이는 로봇 제어 시스템이 마치 인간의 사고처럼 '생각→판단→행동'으로 이어지는 계층 구조임을 보여준다.

다음 그림을 보자. 병실을 준비하는 로봇 시스템의 상위 계획 구조를 표현한 것이다. 목표(goal)와 작업(task) 사이의 계층 관계를 통해 로봇이 복잡한 임무를 어떻게 수행하는지를 보여준다. 전체 구조는 '병실 준비'라는 최상위 임무에서 출발하며, 여러 하위 목표들이 단계별로 분해돼 있다.

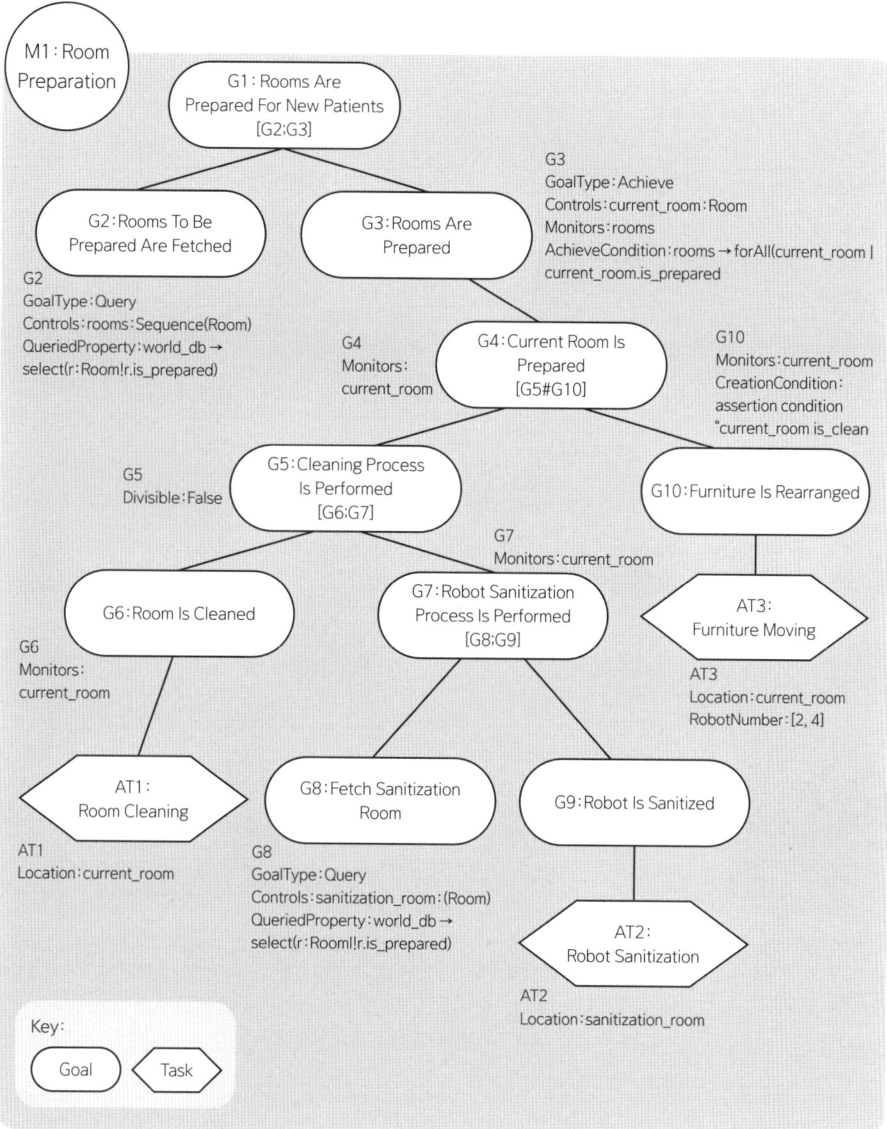

출처 : Gil, E. B., Rodrigues, G. N., Pelliccione, P., & Calinescu, R. (2023). Mission specification and decomposition for multi-robot systems. Robotics and Autonomous Systems, 163, 104386.)

[5] 목표 기반 계층적 작업 계획(Goal-Task Hierarchy)의 예이며, 상위 목표에서 하위 작업까지 논리적으로 분해된 HTN(Hierarchical Task Network) 또는 게임 AI에서 자주 쓰는 GOAP(Goal-Oriented Action Planning)와 유사한 계층형 목표-작업 구조다.

그림에서 타원형으로 표시된 요소들은 목표를 의미하며, 이는 로봇이 달성하고자 하는 상태를 정의한다. 반면 육각형으로 표현된 요소들은 구체적인 작업을 나타내며, 이는 실제 물리적으로 수행되는 행동을 지칭한다. 예를 들어 "병실을 청소한다."라는 작업은 Room Cleaning이라는 행동 과제로 명시된다. 이처럼 목표는 개념적 상태를, 작업은 이를 실현하는 구체적 실행을 뜻한다.

각 요소는 방향성을 갖는 화살표로 연결돼 있는데, 이는 작업의 선후 관계 또는 목표 달성의 의존성을 의미한다. 예를 들어 '병실 준비 완료(G4)'는 '청소(G6)', '로봇 소독(G7)', '가구 재배치(G10)'라는 세 가지 하위 목표를 모두 완료해야만 달성할 수 있다. 이러한 구조는 로봇이 병렬로 작업을 수행할 수 있도록 구성돼 있으며, 순차적 실행뿐 아니라 조건에 따라 유연하게 대응할 수 있게 설계된다.

또한 각 목표나 작업에는 monitors나 controls 등의 조건이 함께 붙어 있다. 이는 로봇이 특정 상태를 계속 감시하거나, 해당 조건이 만족될 때만 다음 단계로 전환되도록 하는 상태 기반 제어 구조를 반영한다. 예를 들어 "현재 병실(Current_Room)이 준비됐는가?"라는 조건을 계속 확인하며, 이 조건이 충족돼야 다음 단계로 진행된다.

이 구조는 크게 세 가지 측면에서 중요한 특징이 있다. 첫째, 분기와 병렬 처리가 가능하도록 설계돼 있어 청소, 소독, 가구 정리 등의 작업을 동시에 수행할 수 있다. 둘째, 계층적 목표 분해를 통해 상위 목표를 점진적으로 하위 목표와 작업으로 나누는 방식이 적용됐으며, 이는 로봇이 복잡한 임무를 구조적으로 이해하고 실행할 수 있게 해준다. 셋째, 상태 모니터링 기반의 실행 조건이 명시돼 있어, 단순한 순차 실행이 아니라 상황에 따라 실시간 판단을 내릴 수 있는 유연성이 있다.

이러한 계획 구조는 단순한 작업 지시를 넘어 로봇이 상황을 감지하고 판단하며, 병렬로 효율적인 작업을 수행할 수 있도록 돕는 인지적 실행 체계로 작용한다. 따라서 병원 환경뿐 아니라 물류, 제조, 방역 등 다양한 영역에서도 적용할 수 있다.

자율주행 자동차의 경로 계획 사례를 들어서 상위 제어가 실제 환경과 어떻게 맞물리는지를 설명할 수 있다. 예컨대 자율주행 자동차가 "학교 앞에서 속도를 줄이고, 건널목에서 멈춘 후, 교차로에서 좌회전해라."라는 지시를 받았다고 하자. 차량은 GPS와 센서를 활용해 현재 위치를 인식한 뒤, 지도 정보를 참고해 경로를 생성

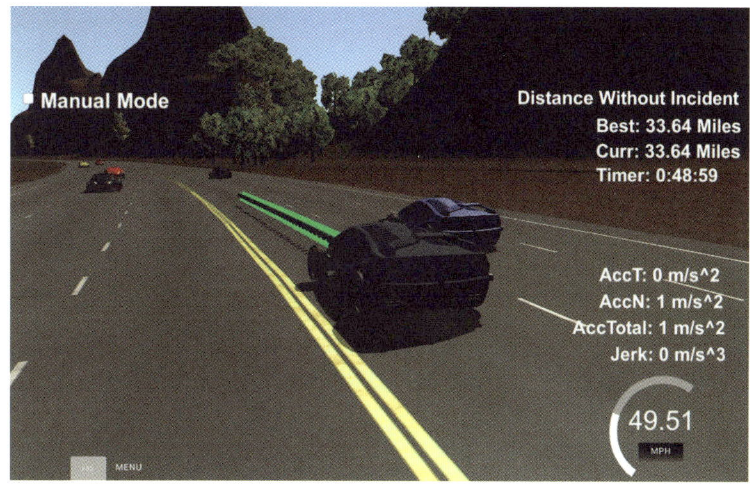

출처:github.com/udacity/self-driving-car

하고, 각 위치에서 필요한 행동(감속, 정지, 회전)을 순차적으로 수행한다. 이 과정에서 는 교통 신호, 주변 차량, 보행자 등의 변수도 반영하므로, 단순한 경로 추종이 아니 라 상황 기반 계획 수립과 실시간 판단이 함께 작동한다. 이를 통해 우리는 로봇이 나 차량이 주어진 목적지까지 단순히 움직이는 것이 아니라, 끊임없이 계획을 수정 하고 판단을 내리며 행동하는 존재임을 확인할 수 있다.

행동 트리, 상태 머신, 딥러닝 제어기의 역할

로봇은 상위 제어 시스템을 이용해 외부 명령을 해석하고, 이를 내부 행동 시퀀스 로 변환한다. 이 과정은 종종 작업 분해(Task Decomposition)와 상황 기반 의사결정 (Contextual Action)으로 이뤄진다.

더 나아가, 일부 시스템은 상위 목표를 기반으로 자동 계획을 생성하고 최적 경로 와 순서를 산출하기도 한다. 이것이 바로 '왜 로봇이 이런 행동을 하는가'를 설명할 수 있는 구조다. 실제 사례를 살펴보자. 자율주행 로봇 배송 시스템에서 로봇은 단 순히 GPS 좌표를 따라 움직이는 것이 아니라 '가장 빠르고 안전한 경로'를 선택한다. 이때는 행동 트리를 기반으로 사전 정의된 조건과 시나리오에 따라 다양한 행동 경로를 구성한다. 또한 게임 AI나 탐사 로봇은 상위 제어기 덕분에 '목표 도달 실패 시 재시도'나 '우선순위 재조정'이 가능하다. 이는 로봇이 계획을 세우고 수정할 수 있는 능력, 즉 전략을 세운다는 점을 의미한다.

현대건설은 'DH 대치 에델루이' 아파트 단지에 자율주행 로봇 배송 시스템을 도입해서, 로봇이 실내외를 자유롭게 이동하며 배송 업무를 수행하도록 했다. 이 시스템은 무선통신, 관제 시스템, 무인 엘리베이터 승하차 기능 등을 통합한 것으로, 로봇이 장애물을 회피하고 최적 경로를 선택할 수 있도록 설계됐다. 이 기능들은 행동 트리 기반의 제어 구조를 통해 구현되며, 로봇이 상황에 따라 다양한 행동 경로를 구성하고 선택할 수 있다.

게임 개발 영역에서는 행동 트리를 활용해 NPC의 행동을 제어하기도 한다. 예를 들어 유명 게임인 리그 오브 레전드(LOL)에서는 AI봇이 플레이어의 위치나 체력 상태에 따라 공격과 후퇴 같은 전략적 행동을 수행한다. 이런 행동은 상태 머신과 행동 트리를 결합해 구현하며, 게임 내에서 동적인 상황에 대응할 수 있는 유연성을 제공한다.

NASA의 화성 탐사 로버 '퍼서비어런스'는 상위 제어 시스템을 활용해 자율적으로 탐사 임무를 수행한다. 목표 지점에 도달하지 못할 때 경로를 재계산하거나 우선순위를 재조정하는 것이다. 이러한 기능은 상위 제어기의 전략적 계획 수립과 행동

▶ 자율 배송 로봇 및 탐사 로봇의 개발 사례

출처 : NASA 홈페이지, robotics.hyundai.com, neusroom.hdec.kr, neubility.co.kr

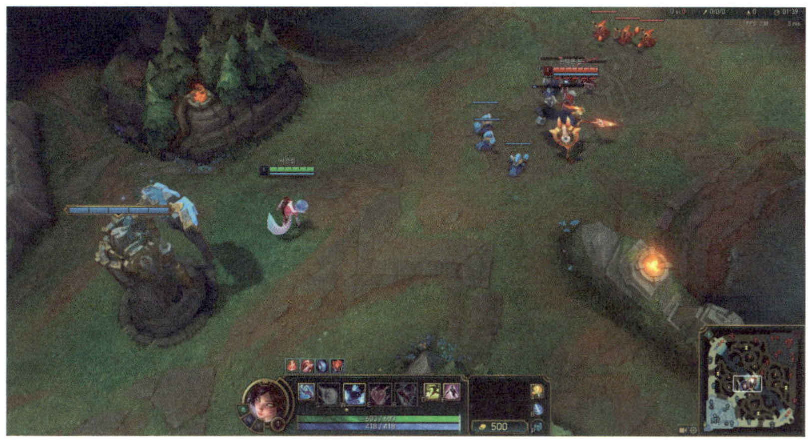

트리 기반의 의사결정 구조를 통해 구현된다. 이 사례들은 로봇과 AI 시스템이 단순한 명령 실행을 넘어, 상위 제어와 행동 트리를 기반으로 한 전략적 계획과 의사결정을 수행할 수 있음을 보여준다. 이 시스템은 변화하는 환경에 능동적으로 대응하며, 더 복잡한 작업을 효율적으로 수행할 수 있다.

지금껏 살펴봤듯 로봇은 이제 목표를 설정하고 행동을 계획한다. 하지만 행동하기 위해선 먼저 자신이 어떤 상태이고, 외부가 어떤 상황인지 정확히 인식해야 한다. 제2장에서는 로봇의 눈과 두뇌가 어떻게 자신과 세상을 인식하는지를 살펴본다.

계획한다는 것은 의도가 있다는 뜻이다. 의도는 '무엇을 하려는가?'라는 질문에 대한 답이다. 인간이 행동에 의미를 부여하는 것처럼, 로봇도 목표를 기반으로 움직일 수 있을까?

상위 제어는 로봇이 단지 '움직이는 기계'가 아니라, 의도를 통해 세계와 상호작용하는 존재로 나아갈 수 있음을 보여주는 단계다. 여기에 의식이 깃들 수 있을지는 아직 알 수 없지만, 최소한 로봇이 '왜 그렇게 행동했는가'를 설명할 수 있다.

제어 방식 비교

구조	특징	예시 활용 분야
상태 머신(FSM)	단순, 조건 기반 전이	로봇 청소기, 간단 경로
행동 트리(BT)	재사용성, 유연성	게임 AI, 서비스 로봇
작업 계획기	고차원 목표를 행동으로 변환	산업 자동화, 휴머노이드
경험 기반 최적화 전략	게임, 자율주행, 복잡 환경	

심화 키워드

① Task Planning / Motion Planning

② FSM, Behavior Tree

③ Hierarchical Control

④ Symbolic Planning vs Learned Planning

⑤ PDDL(Planning Domain Definition Language)

⑥ ROS 2 BT, MoveIt Task Constructor

참고 자료

① "Task and Motion Planning in Robotics" - MIT Course

② ROS 2 BehaviorTree.cpp 예제

③ "Learning and Planning with Hierarchical Models" - NeurIPS

④ OpenAI Five / AlphaStar 행동 계획 논문

제2장 ◀

인공지능 로봇의 인식과 판단 그리고 자아

인식:
세계 속의 나를 자각하는 로봇

제어는 로봇이 움직이고 반응하는 방식, 즉 행동 규칙을 정한다. 그러나 로봇이 무엇을 보고, 무엇을 목표로 삼아 행동할지 결정하는 것은 인식의 영역에 속하는 일이다. 이제 우리는 로봇이 외부 세계와 자기 자신을 어떻게 이해하고 해석하는지, 인식 단계를 알아볼 것이다.

자기 상태 vs 외부 상태의 비교 인식

나와 너의 구분, 객체와 나의 상호작용 인식

상대적 자기 인식은 로봇이 외부 환경과의 관계 속에서 자기 상태를 인식하는 과정이다. 단순한 고유감각뿐 아니라 주변 객체의 위치와 동선, 사람과의 거리, (공간 내) 자기 위치 등을 통합적으로 이해해야 한다.

로봇이 이런 인식을 수행하기 위해서는 시각 정보를 이용해 목표를 따라가며 제어하는 비주얼 서보잉(Visual Servoing), 주변 물체와의 접촉을 사전에 감지해 회피하는 충돌 감지(Collision Detection), 관절 제약을 고려해 원하는 자세를 계산하는 제약 조건 포함 역기구학(Inverse Kinematics with Constraints), 이동하면서 동시에 지도를 구성하고 자신의 위치를 추정하는 SLAM(Simultaneous Localization and Mapping) 같은 기술이 활용된다. 이렇게 구축된 인식은 로봇이 환경에 적응하고, 유연하게 협업하며, 사람과 충돌 없이 공존할 수 있도록 만든다. 하나씩 자세히 살펴보자.

첫째, 로봇과 인간이 함께 작업하는 상황에서 유용한 공간적 인터랙션 지도가 있다. 사람과 협업하는 환경에서 로봇은 충돌 방지와 효율적인 작업을 위해 공간 안에서 이뤄지는 상호작용을 정밀하게 인식해야 한다. 예를 들어 현대건설이 아파트

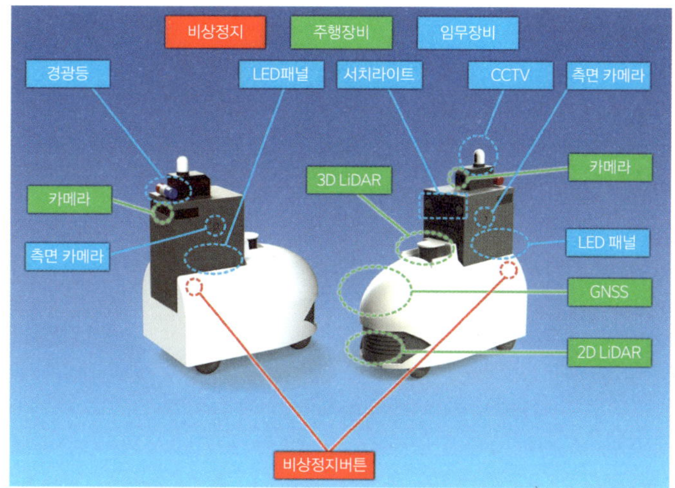

출처:만도 홈페이지

단지에 도입한 자율주행 순찰 로봇은 사람 위치나 행동을 고려해 충돌 없이 협업할 수 있도록 공간 내 관계를 구성한다.

이 시스템은 라이다 센서와 서라운드 카메라, 위성측위시스템(GNSS, Global Navigation Satellite System), 실시간 관제 통신 기술을 집약해 구현했다. 위 그림을 보자. 순찰 로봇의 주요 부품 구성을 보여주고 있는데, 이는 모두 자기 상태와 외부 상태를 함께 인지하는 데 활용된다. 먼저 자율주행을 위한 주행부 주요 부품은 라이다와 전후방 카메라, 위성측위시스템이다.

라이다는 레이저 빔을 발사해 돌아오는 빛을 수신하고, 이를 이용해 주위 물체와의 거리, 속도, 방향 등을 측정한다. 이 기술은 주변 환경을 정밀하게 파악할 수 있어 자율주행 기술의 핵심 요소로 꼽힌다. 전후방 카메라는 장애물을 감지하는 역할을 하며, 위성측위시스템은 우주 궤도를 도는 위성을 이용해 지상에 있는 수신기(로봇)의 위치와 고도, 속도 등을 파악하는 역할을 한다. 임무부 주요 장비는 주변 영상을 촬영하고 관제 통신에 쓰이는 CCTV와 측면 카메라, 순찰 중임을 알리는 LED 패널, 경광등으로 구성된다.

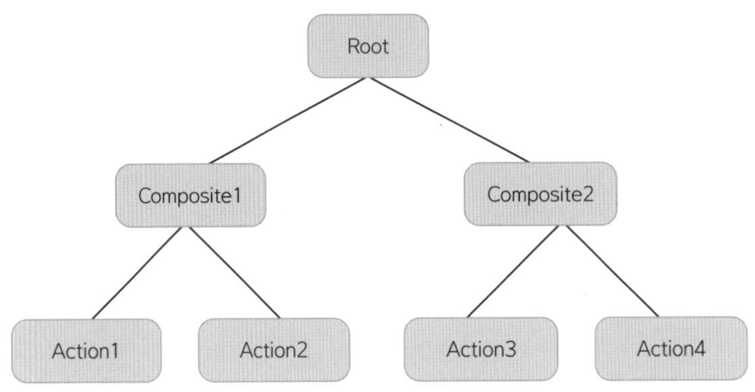

출처: 행동 트리 모델의 이해 – 언리얼 엔진5 Basic

자율주행 순찰 로봇이 자기 위치와 경로를 인식하고, 산책로와 심야 골목을 순찰하면서 화면을 관제 센터로 보내면, 센터에서 상황을 모니터링하며 원격으로 로봇을 제어하는 방식이다. 이때 5G 기술이 관제 센터와 로봇 사이에서 통신을 돕는다.

자율주행 순찰 로봇 '골리'를 개발한 기업인 만도에 따르면, 해당 로봇은 행인과 장애물을 피할 수 있고, 20도 이상의 경사도 오를 수 있다. 최고 시속은 8km이며, 360도 회전 기능이 있어 사각지대도 촬영할 수 있다. 1회 충전 시 최장 6시간까지 주행한다.

둘째, 인터렉션 지도에 이은 다음 요소는 경로 재설계 전략이다. 로봇이 외부 객체와의 거리나 속도, 움직임을 실시간으로 인식해 충돌 가능성을 예측하고, 이에 따라 경로를 동적으로 조정하는 능력은 매우 중요하다. 자율주행 로봇 기업인 뉴빌리티에서 개발한 자율주행 배달 로봇은 실시간으로 주변 환경을 인식하고, 장애물을 회피하며 최적 경로를 선택해 배송 업무를 수행한다. 이러한 기능은 행동 트리 기반의 제어 구조를 통해 구현되며, 로봇이 상황에 따라 다양한 행동 경로를 구성하고 선택할 수 있게 한다.

이 시스템은 라이다 센서가 아닌 카메라 센서로 자율주행이 가능한 '서비스형 로봇'(RaaS) 솔루션을 제공하는 것으로 알려져 있다. 특히 멀티카메라 기반의

출처 : neubility.co.kr/ir

V-SLAM과 센서 퓨전(Sensor Fusion)을 활용해서 도심지의 빌딩숲 사이에서도 정확한 위치를 알아내고, AI 기반의 '객체 인식 기술'과 '레이더·스테레오 카메라'를 이용한 장거리 장애물 인식 및 회피 주행 로직으로 안전한 자율주행을 수행한다. 라이다 센서가 상대적으로 고가임을 생각해 보면, 변수가 많은 도심지에서 합리적인 비용으로 자율주행을 구현했다는 점이 특징이다.

셋째, 자율주행 자동차는 상황 인식을 중심으로 자기 위치와 외부 객체 위치를 비교하고 판단하는 구조를 갖추고 있다. 자율주행 자동차는 SLAM(자기 위치를 파악하면서 동시에 지도를 만드는 기술) 기술을 활용해 자기 위치를 추정하고, 외부 객체의 위치를 인식하며, 경로를 계획한다. 예를 들어 현대자동차는 자율주행 차량에 SLAM 기술을 적용해 차량이 주변 환경을 실시간으로 인식하고 장애물을 회피하며, 안전하게 주행할 수 있는 기술을 개발하고 있다. 자회사 포티투닷을 중심으로 라이다 의존도를 낮춘 카메라 기반의 자율주행 시스템 '아트리아 AI' 개발에 집중하는 중이기도 하다. 2027년 말까지 레벨 2 수준의 기술을 양산차에 적용하는 것이 목표다.

로봇이 위험을 인지한다는 것은?

로봇이 공장에서 사람과 함께 동선을 공유하며 일하고 있다고 가정하자. 이때 작업자가 손을 뻗어 로봇의 경로를 가로막으면 어떻게 될까? 아마도 로봇은 즉시 멈출 것이다. 이는 단지 앞에 무언가 있음을 인식했기 때문만은 아니다. 로봇은 상대적 관점에서 대상이 사람이고 자신과 충돌할 위험이 있음을 인식했으며, 그 사람의 위치를 기준으로 자신이 어떻게 움직여야 하는지를 판단한 것이다.

다른 예를 살펴보자. 종합 인터넷 플랫폼 회사인 아마존의 물류 창고에는 KIVA라는 로봇이 일한다. 그런데 KIVA는 수백 대가 동시에 이동하면서도 서로 충돌하지 않는다. 이는 각 로봇이 상대 로봇과의 거리와 위치를 끊임없이 비교하고, 최적 경로를 재계산하기 때문이다. 또한 로봇 제조업체인 현대로보틱스의 협동 로봇(CoBot)은 사람의 팔 동작이나 걸음을 인식하고, 그에 따라 안전거리를 유지하며 협업 동작을 수행한다. 이는 자기 위치를 타인의 위치에 투영하는 인식 능력이 있기에 가능한 일이다. 이처럼 로봇은 세상에 자신이 있음을 이해하는 존재가 됐다.

하지만 자신이 세상 어디에 있는지를 아는 것만으로는 부족하다. 즉 나를 기준으로 세계를 보는 것과 세계 그 자체를 인식하는 것은 다르다. 이제 로봇은 세상을 바라보고, 그것이 무엇인지 스스로 판단할 수 있어야 한다. 우리는 로봇이 세계를 객체로 분해하고, 그 의미를 해석할 수 있느냐는 질문 앞에 서 있다. 다음에는 로봇이 외부 객체를 인식하고 해석하는 능력, 즉 객체 인식의 진화된 형태를 살펴본다.

▪ 아마존의 KIVA 시스템(왼쪽)과 KIVA 시스템 설립자들(오른쪽)

출처 : ieee.org

"나는 나를 너와의 차이로 안다." 인간의 자아 인식은 종종 타자(他者)와의 관계를 통해 형성된다. 마찬가지로, 로봇이 자신을 인식하려면 '세상 속의 위치'를 먼저 알아야 한다.

이 같은 관계적 자기 인식은 단순히 '어디에 있는가'를 넘어, '나는 지금 그에 비해 어디에 있는가', '나는 안전한가, 위험한가' 같은 사회적·공간적 자각을 요구한다. 이때 로봇은 비로소 독립적 존재가 아닌 관계적 존재로 진화한다.

인식 방식 비교

인식 수준	설명	관련 기술
내부 인식	관절, 자세, 토크 등 자기 상태	IMU, 인코더, 힘 센서
절대 위치 인식	지도 내 위치, 방향	GPS, SLAM
상대 위치 인식	객체/사람 대비 자기 위치	Visual Servoing, HRI 거리 판단
상황 인식	관계 기반 행동 판단	Multi-modal perception, XAI(Explainable AI)

심화 키워드

① Task Planning / Motion Planning

② FSM, Behavior Tree

③ Hierarchical Control

④ Symbolic Planning vs Learned Planning

⑤ PDDL

⑥ ROS 2 BT, MoveIt Task Constructor

참고 자료

① "Safe Human-Robot Interaction" - Springer Handbook

② OpenManipulator + RealSense 기반 HRI 데모

③ "Context-Aware Robotics" - IEEE RAM

객체/환경 인식

객체 분류와 사람 인식

로봇의 시선이 작업 테이블 위를 스캔한다. 카메라 영상에는 사물 여러 개가 놓여 있다. 로봇은 색상, 윤곽, 질감 등을 분석해 '노란색 물체는 드라이버', '파란색은 플라스틱 컵', '회색 둥근 것은 부품 A'라고 판단한다.

이처럼 로봇이 주변 환경을 인식하고 이해하려면 다양한 컴퓨터 비전 기술이 필요하다. 그중에서도 바운딩 박스(Bounding Box), 세그멘테이션(Segmentation), 카메라 이미지 분석, 의미 분석(Semantic Analysis) 등 다양한 객체 인식 시각화가 로봇의 시각적 인지 능력을 향상하는 핵심 요소다.

1 바운딩 박스

바운딩 박스는 이미지나 영상에서 객체의 위치를 사각형으로 표시하는 기술이다. 이는 객체 탐지(Object Detection)의 기본적인 방법으로, 객체의 존재 여부와 위치를 파악하는 데 사용한다. 예를 들어 자율주행 차량은 도로 위의 차량, 보행자, 신호등 등을 바운딩 박스로 인식해 주행 경로를 계획한다.

▶ 바운딩 박스 생성 기법의 예

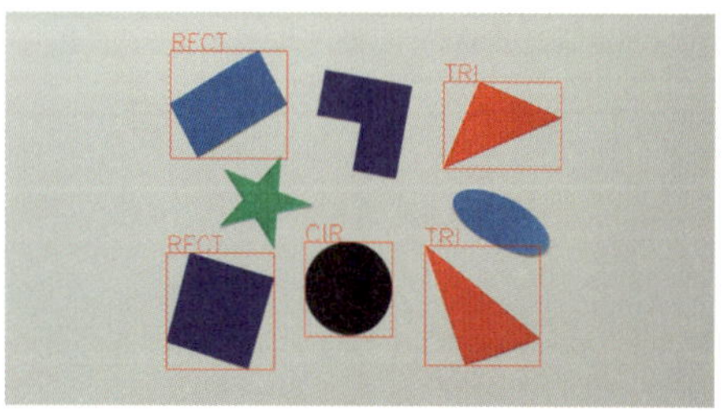

출처 : 안드로이드로 배우는 OpenCV - 바운딩 박스 구하기

▶ 바운딩 박스 라벨링 자동화 사례

출처 : youtube.com/watch?v=p4mUZoK6-vMAI 및
hunature.net AI 기반의 차량 번호판 검출 인식

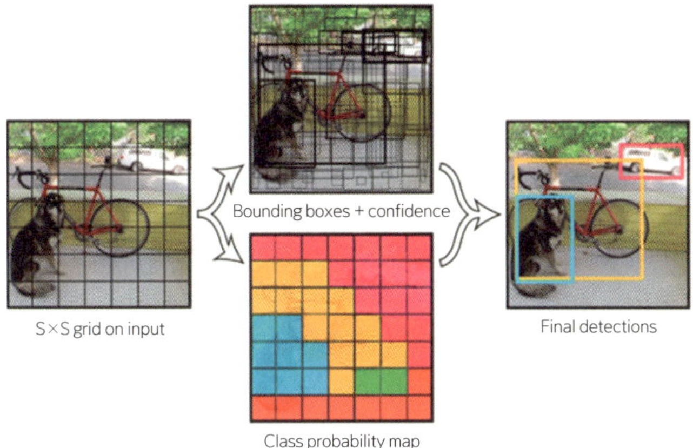

출처:NikolićA, N., ManojlovićB, M. D., & MesarošC, M. (2023). NikolićA, N., ManojlovićB, M. D., & MesarošC, M. (2023). The usage of geospatial tools in traffic sign detection. Zbornik radova Departmana za geografiju, turizam i hotelijerstvo, (52-2), 111-122.

2 세그멘테이션

세그멘테이션은 이미지에서 픽셀 단위로 객체를 분할해서 각 객체의 경계를 정확하게 인식하는 기술이다. 이는 바운딩 박스보다 정밀한 객체 인식을 가능케 한다. 의료 영상 분석, 자율주행 자동차의 도로 인식 등 다양한 분야에서 활용한다.

3 카메라 이미지 분석

카메라로 수집한 이미지를 분석해서 객체를 인식하고, 그 특성을 파악하는 기술이다. 이는 로봇이 주변 환경을 이해하고, 적절한 행동을 결정하는 데 필수적이다. 예를 들어 산업용 로봇은 카메라 이미지 분석을 통해 부품의 위치와 상태를 파악하고 조립 작업을 수행한다.

4 객체 인식

객체 인식(Object Recognition)은 로봇 비전 시스템의 핵심이다. 로봇은 RGB 카메라, Depth 센서, 라이다 등으로 수집한 데이터를 바탕으로 사물의 위치와 특성뿐만 아니라 종류, 용도, 맥락까지 분류하고 해석할 수 있어야 한다. 이를 위해 YOLO(You Only Look Once), Faster-RCNN 같은 딥러닝 기반의 객체 탐지 모델, 이미지 분류 네트워크(ResNet, EfficientNet), 세그멘테이션 알고리즘(Mask R-CNN, U-Net)이 사용된다. 로봇은 이 같은 기술을 활용해서 주변을 해석하고, 맥락에 맞게 반응할 수 있는 지각 능력을 갖춘다.

5 의미 분석

의미 분석은 이미지나 영상에서 객체의 의미를 파악하고, 그 관계를 이해하는 기술이다. 이는 로봇이 상황을 판단하고, 복잡한 환경에서 적절한 행동을 결정하는 데 도움을 준다. 예를 들어 서비스 로봇은 의미 분석을 이용해 사람의 감정을 인식하고, 그에 맞는 서비스를 제공한다.

▶ 컴퓨터 비전 기술의 비교

구분	정의	역할	관계
카메라 이미지 분석	카메라로 촬영한 이미지에서 의미 있는 정보를 추출하는 전반적인 과정	시각 데이터 처리의 연구	객체 인식, 의미 분석의 전제 조건
객체 인식	무엇이 이미지의 어디에 있는지 탐지하고 분류함	"이건 컵이다.", "저건 사람이다." 등 물리적 식별 수행	이미지 분석 결과를 구체적 객체로 해석
의미 분석	인식된 객체들의 맥락적 의미와 관계를 해석	"컵을 들어서 물을 가져온다." 같은 행동/목적 파악	객체 인식 결과에 의미와 목표를 부여

▶ 로봇의 인식 단계

단계	실제 동작 예시
1. 카메라 이미지 분석	RGB 이미지에서 여러 사물의 색상 / 형태 정보 추출
2. 객체 인식	"파란색 원형은 컵", "은색 막대는 드라이버"라고 식별
3. 의미 분석	"드라이버를 가져와."라는 언어 명령을 해석하고 드라이버 선택

다양한 객체를 인식하고, 그 결과를 시각적으로 표현하는 기술이다. 이는 로봇이 인식한 정보를 사용자에게 효과적으로 전달하고, 상호작용을 향상하는 데 사용된다. 예를 들어 증강현실(AR) 기술은 다양한 객체 인식 시각화를 이용해 현실 세계에 가상 정보를 겹쳐서 보여준다.

로봇의 의미 기반 해석 능력

이상의 내용은 로봇이 단순히 눈앞에 놓인 사물(객체)들이 존재함을 아는 것이 아니라, '이것이 무엇인지'를 해석하는 것과 관련 있다. 이제 로봇은 볼 뿐만 아니라 이해도 하는 기계가 된 것이다.

전통적인 '픽 앤드 플레이스'(Pick and Place) 로봇은 컨베이어 벨트에 있는 물체를 감지하고, 사전에 정의된 위치로 이동시키는 역할을 수행했다. 그러나 최근에는 단순한 위치 인식을 넘어 물체의 형태, 색상, 용도 등을 분석해서 '목표 부품'을 정확히 식별한 다음에 집어 올리는 능력을 갖췄다. 이런 일은 머신 비전과 딥러닝 기술의 발전으로 가능해졌으며, 로봇이 주변 환경을 더욱 정밀하게 이해하고 대응할 수 있다는 의미이기도 하다.

즉 로봇이 단순히 물리적인 동작을 수행하는 것뿐만 아니라 시각 정보와 언어 명령을 통합해서 의미 기반의 행동을 수행하는 능력을 얻게 됐다는 말이다. 이 같은 발전은 특히 픽 앤드 플레이스 로봇과 구글의 PaLM-E 프로젝트에서 두드러지게 나타난다.

구글의 PaLM-E 프로젝트는 로봇이 시각 정보와 언어 명령을 통합해 복잡한 작업을 수행하는 것을 목표로 한다. 예를 들어 "냉장고 문을 열고 물병을 찾아."라는 명령을 받았다면 로봇은 카메라로 주변을 인식하고, 언어 모델을 통해 명령의 의미를 해석한 후에 적절한 행동을 계획하고 실행한다. 이는 로봇이 단순한 명령 수행만이 아니라 상황을 이해하고 유연하게 대응할 수 있는 기반을 마련했다고 볼 수 있다.

로봇은 이제 눈앞의 존재를 인식하는 데 그치지 않는다. 언어와 의미를 연관 지어 세상을 해석하는 것이다. "나는 목말라."라는 명령을 받았을 때, 로봇은 이를 해석해

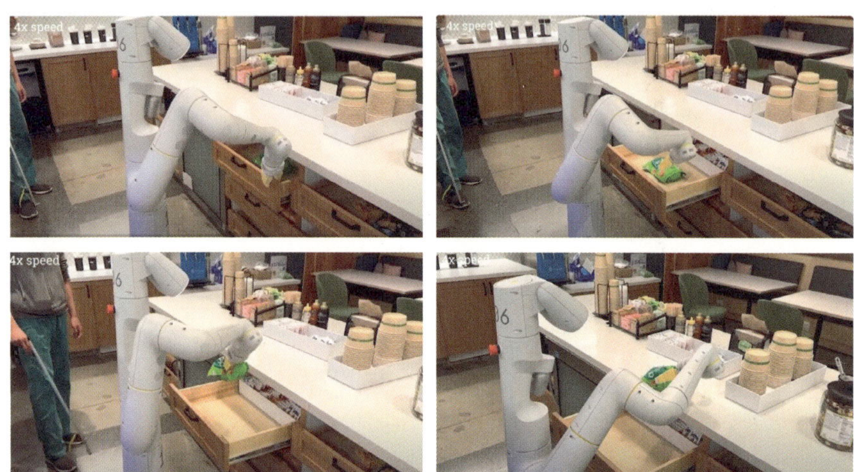

출처 : youtu.be/ITYmwm06EuU

서 물병을 찾아 제공할 것이다. 이는 로봇이 인간의 언어를 이해하고, 그에 맞는 행동을 계획해서 실행하는 능력을 갖췄음을 의미한다. 언어와 의미로 세상을 해석할 수 있게 된 것이다.

지금까지 살펴봤듯, 놀라운 기술 발전 덕분에 로봇은 세상을 보고, 의미마저 해석할 수 있게 됐다. 하지만 아직 무언가 부족하다. 이제 우리는 로봇이 해석을 바탕으로 어떻게 판단하고 선택할 수 있는지를 알아볼 차례다. 진정한 '지능'의 세계로 들어가야 한다.

로봇 Pepper는 목소리의 미세한 떨림을 데이터 삼아 감정의 좌표를 읽고 위로를 건넨다. 누군가는 Pepper가 건네는 말 한마디에 위로를 받을지도 모른다. 이 지점에서 우리는 기계의 '해석'이 인간의 '이해', 즉 의미를 부여하는 행위와 같은지를 물을 수밖에 없다. 감정을 좌표 위의 한 점으로 규정하는 순간, 그 안에 담긴 무수한 맥락과 깊이는 증발한다. 로봇의 언어는 진정한 소통인가, 아니면 고도로 정교화된 시뮬레이션인가. 의미의 세계에 발을 들인 기계는 결국 우리에게 '인간이란 무엇인가'라는 근원적 질문을 되돌려준다.

객체 인식 기술 비교

기술	방식	장점	사용 예시
YOLO	실시간 객체 탐지	빠름, 간결	로봇 팔 비전 피킹
Mask R-CNN	픽셀 단위 분할	정밀함	자율주행차 시야 처리
ResNet	이미지 분류	정확도 우수	제품 인식
Vision Transformer	장면 이해	문맥적 분석	로봇＋언어 통합

심화 키워드

① Object detection(YOLO, Faster-RCNN)

② Semantic / Instance segmentation

③ Feature extraction, Keypoint detection

④ Attention mechanism, Transformer for vision

⑤ Dataset : ImageNet, COCO, OpenImages

⑥ Depth-Aware Perception

참고 자료

① "Deep Learning for Robotic Vision" - MIT Deep Learning Book

② YOLOv7 논문 및 데모

③ OpenCV 객체 인식 튜토리얼

④ NVIDIA Isaac Perception 모듈

판단 :
지능이라는 이름의 기계적 사고

인식이 정보를 제공한다면, 판단은 방향성을 제공한다. 로봇은 단순히 본 것을 기억하는 존재가 아니라, 그것으로부터 스스로 선택할 수 있는 존재가 될 수 있을까?

지도학습 기반 실행

명확한 입력 → 명확한 출력

명령을 정확히 따르는 능력은 지도학습(Supervised Learning) 기반 인공지능의 전형적 기능이다. 이러한 지능은 명확한 입력(예:이미지, 음성, 언어)과 명확한 출력(예:행동, 분류, 좌표 추정)이 주어졌을 때, 정확한 매핑을 수행하는 데 집중한다.

컴퓨터 비전, 음성인식, 자연어 처리, 행동 제어 등 대부분의 로봇 시스템은 지도학습 기반의 설계 위에 세워져 있다. 특히 CNN, RNN, 트랜스포머 기반 모델들은 명령의 의미를 분석하고, 해당 행동을 정밀하게 실행하는 데 필수다.

명시적 프로그래밍, CNN, 딥러닝

"빨간 컵을 집어줘."

로봇은 사용자의 음성 명령을 받아들이고, 카메라로 테이블 위를 스캔한 후, 사물 중 '빨간색이고 컵 모양인' 물체를 식별한다. 인식한 물체의 좌표를 계산하고, 팔을 움직여 조심스럽게 컵을 들어 올린다.

로봇이 사용자의 음성 명령을 이해하고, 원하는 동작을 수행하기까지는 이처럼 복잡한 지능적 처리 과정이 필요하다. 예를 들어 "빨간 컵을 집어줘."라는 명령이 주어졌을 때, 로봇은 단순히 색깔만 보고 움직이지 않는다. 음성인식을 통해 언어를 해석하고, 카메라로 주변 테이블을 스캔해서 다양한 물체 중에서 '빨간색 컵 형태'를 띤 목표 객체를 탐지한다. 그 뒤에 해당 객체의 정확한 위치를 계산해서 팔을 움직이고, 조심스럽게 들어 올리는 일련의 과정을 거치는 것이다.

① 언어 → 인식 → 제어로 이어지는 실행 흐름

먼저 사용자의 언어 명령이 음성인식 모델에 입력된다. 해당 명령은 자연어 처리 모델(NLP) 또는 음성-텍스트 변환 시스템에 의해 해석된다. 해석된 명령은 시각 정보와 결합하고, 로봇은 실제 환경에 있는 물체 중 어떤 것이 명령 대상인지 판단한다. 이후 제어 알고리즘이 작동해 팔의 궤적, 손의 각도 등을 계산한다. 이후 로봇이 실제로 동작을 수행하는 것이다. 이러한 전체 과정은 단순한 프로그램 실행이 아니라, 로봇이 인간의 말과 세상을 연결하는 능력을 갖췄다는 점에서 매우 중요한 시사점을 준다.

② 인공지능 로봇의 결정 구조

지도학습 기반의 인공지능은 사람이 미리 라벨링[6]한 데이터로 학습한다. 이때 입력은 이미지, 음성, 언어와 같은 정형화된 데이터이며 출력은 행동, 분류, 좌표 추정과 같은 정확한 반응 결과다. 예를 들자면 다음과 같다.

- **입력**: "노란색 드라이버를 가져와."
- **출력**: 드라이버 탐지 + 해당 좌표 이동 + 팔 동작 수행

이와 같은 명확한 입출력 매핑을 수천, 수만 번 학습한 뒤에야 로봇은 명령을 정확하게 인식하고 수행하는 능력을 갖춘다. 이런 학습을 가능하게 하는 기반 기술이

---

6 제5장에서 라벨링에 대해 좀 더 다뤄보고자 한다.

바로 딥러닝이다. 딥러닝의 발전 덕분에 로봇은 시각 정보를 처리하고, 환경을 이해하며, 언어를 행동으로 전환하는 방식을 획기적으로 변화시켰다. 특히 CNN, RNN, 트랜스포머와 같은 신경망 구조는 각각의 특성과 강점을 바탕으로 현대 로봇 지능의 핵심 구성 요소가 됐다. 주요 특징을 정리하면 다음과 같다.

① CNN(Convolutional Neural Network)：시각 정보의 정밀한 해석

CNN은 이미지나 시각 정보를 처리하려고 개발한 인공신경망 구조다. 주요 특징은 필터(커널)를 이용해 공간적인 패턴을 추출할 수 있다는 점이며, 신경층을 많이 쌓아서 단순한 가장자리부터 복잡한 형태까지 인식할 수 있다.

CNN은 로봇의 눈이자 뇌와 같다. 카메라로 촬영한 물체가 컵인지 사과인지, 집어야 할 부품인지 아닌지를 판단할 수 있게 해준다. 특히 산업용 로봇은 CNN을 이용해 생산라인에 있는 다양한 물체를 인식하고, 물체에 따라 적절한 동작(예：픽 앤드 플레이스)을 수행한다.

아래 그림은 YOLOv5와 UR5 로봇 팔을 이용한 픽 앤드 플레이스 시뮬레이션 프

▶ 시뮬레이터를 이용한 UR5의 픽 앤드 플레이스

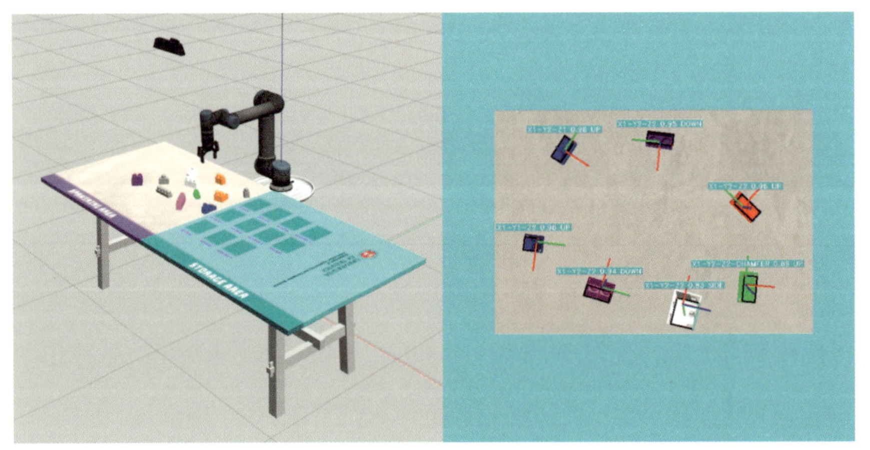

출처：github.com/pietrolechthaler/UR5-Pick-and-Place-Simulation,
시연：youtu.be/v45mPw_XEXA?si=KsRoNAnsB7WP-4IO

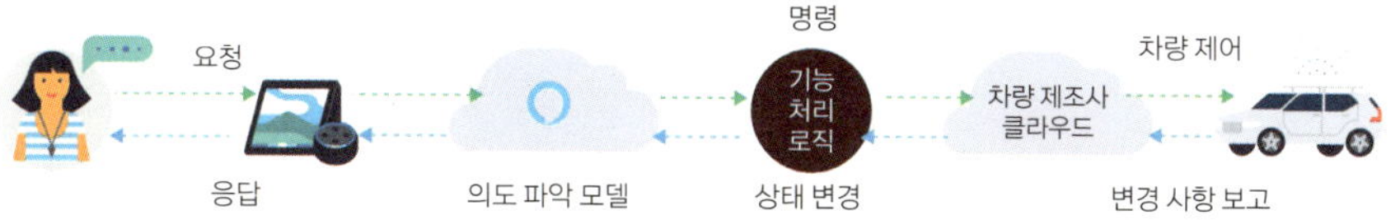

출처 : Amazon Alexa 공식 개발 문서
developer.amazon.com/en-US/alexa/alexa-skills-kit/get-deeper/connected-vehicle-skills

로젝트를 보여준다. 이 프로젝트에서는 ROS와 Gazebo 시뮬레이터를 사용해 UR5 로봇 팔이 다양한 레고 블록을 인식하고, 레고 블록을 지정된 위치로 옮기는 작업을 수행한 바 있다. YOLOv5를 통해 객체를 실시간으로 감지하며, 동작 인식 센서를 기반으로 한 인터페이스 장치인 키넥트(Kinect) 카메라를 이용해 11가지 종류의 레고 블록을 인식한다. 이후 로봇 팔은 감지된 블록을 집어 목표 위치에 정확히 배치한다.

② RNN(Recurrent Neural Network) : 순차적 데이터의 이해

RNN은 시간에 따라 변화하는 데이터를 처리하기 위해 이전 입력의 정보를 현재 처리에 반영할 수 있는 구조를 갖췄다. 즉 과거의 문맥을 기억할 수 있어서 언어, 음성, 시계열 센서 데이터 같은 순차 데이터에 강점을 보인다. 로봇이 "이 컵을 저 선반에 올려놔." 같은 복합적인 음성 명령을 이해하고, 이에 따라 동작을 수행하려면 입력되는 단어들의 순서를 고려할 수 있어야 한다. RNN은 음성 기반 조작 인터페이스를 지닌 대화형 로봇이 인간의 명령어를 해석하는 데 핵심적인 역할을 한다.

③ 트랜스포머(Transformer) : 멀티모달 정보의 통합 처리

트랜스포머는 자기 주의 메커니즘(Self-Attention)을 기반으로 한 신경망 구조를 가지고 있으며 시각 정보와 언어 정보를 동시에 처리할 수 있다. 이러한 특성은 로봇이 복잡한 환경에서 다양한 정보를 통합해 상황을 이해하고 적절한 행동을 결정하는 데 큰 도움이 된다. 실제 사례들을 살펴보자.

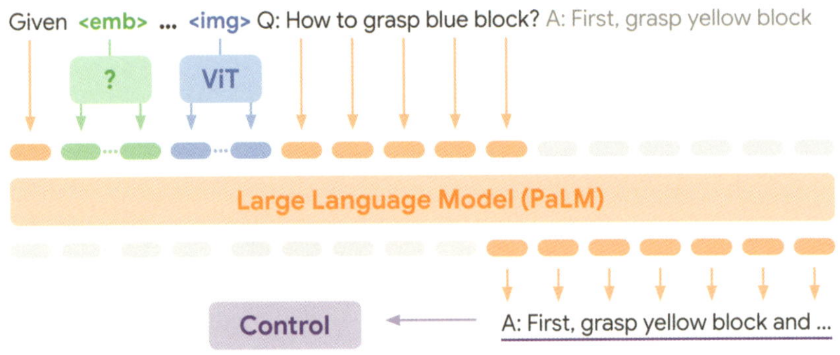

출처: research.google/blog/palm-e-an-embodied-multimodal-language-model

먼저 구글의 PaLM-E 프로젝트가 있다. 구글의 PaLM-E 프로젝트는 트랜스포머 기반의 대규모 언어 모델인 PaLM과 시각 정보를 처리하는 Vision Transformer(ViT)를 결합해, 로봇이 시각 정보와 언어 명령을 동시에 이해하고 수행할 수 있도록 개발한 모델이다. 위 그림은 PaLM-E가 다양한 양식(상태 및 이미지)을 수집하고, 다중 모드 언어 모델을 통해 작업을 처리하는 방법을 보여준다.

이 모델은 "냉장고 문을 열고 물병을 찾아."와 같은 복잡한 명령을 이해하며, 실제로 해당 작업을 수행하는 능력을 보여준다. 또한, 다양한 로봇 플랫폼에서 학습된 지식을 전이해서 새로운 작업에 빠르게 적응할 수 있는 능력도 갖추고 있다.

이 같은 신경망 구조와 멀티모달 모델의 발전은 로봇이 인간과 유사한 방식으로 세상을 인식하고 이해하는 데 크게 기여하고 있다. 앞으로도 인공지능 기술의 발전은 로봇의 지능과 자율성을 더욱 향상할 것으로 기대된다.

다음은 구글의 Everyday Robots 프로젝트다. 로봇에 "문을 닫아줘.", "휴지를 주워줘."와 같은 일상 명령을 학습시키는 프로젝트다. 이 명령들은 사전 수집된 데이터 세트와 대량의 시뮬레이션 결과를 기반으로 학습된 것으로, 로봇이 '주어진 상황에서 가장 적절한 행동'을 선택할 수 있게 해준다. 또한 산업 현장에서는 작업 지시를

출처 : everydayrobots.ai

기반으로 로봇이 사전 정의된 순서대로 작업을 수행하도록 동작 프로그램을 구성하며, 이는 대부분 고정된 루틴이지만 정확성과 반복성 면에서는 인간을 능가한다.

주어진 것을 잘 수행하는 능력은 지능의 시작일 뿐이다. 로봇에 진짜 지능이 있다고 말하려면 새로운 상황에서도 스스로 판단하고 선택할 수 있어야 한다. 이제 로봇이 '배우지 않은 것'을 스스로 유추하고 실행하는 추론 기반의 창발[7](創發, emergence)적 지능을 알아볼 차례다.

---

[7] 구성 요소 하나하나는 단순하지만, 그것들이 상호작용하면 예기치 못한 새로운 특성이 나타나는 현상을 말한다. 예를 들어 개미 한 마리는 단순하지만, 개미 군집은 길을 찾고 음식을 저장한다. AI 학계에서는 신경망이 학습 과정에서 예상하지 못한 고차 능력(언어 이해, 문제 해결 등)을 보여주는 경우를 일컫는다.

'말을 알아듣는다'라는 것은 단순히 단어를 해석하는 데 머물지 않고, 의도를 이해하고 실행함을 말한다. 로봇이 명령을 듣고 그에 맞는 행동을 수행한다면, 우리는 로봇이 인간의 언어나 의도를 '이해'했다고 볼 수 있을까?

명령 수용은 인간 사회에서도 중요한 지능의 잣대가 된다. 유아도 처음엔 "이리 와."라는 말에 반응하는 수준에서 언어를 배우듯, 로봇 역시 이 단계가 존재와 행동을 연결하는 첫걸음이다. 그러나 이 능력은 어디까지나 명확한 지시가 존재할 때만 작동한다. 그렇다면, 명확하지 않은 상황에서 로봇은 어떻게 판단할까?

지도학습 기반 로봇의 구성 요소

구성 요소	설명	대표 기술
입력 처리	영상/음성/텍스트 분석	CNN, RNN, Transformer
명령 해석	언어→의미 변환	BERT, GPT, PaLM
행동 계획	명령→행동 매핑	Policy Mapping, Seq2Act
실행 제어	계획된 행동 수행	ROS, Robot SDKs

심화 키워드

① Supervised learning / Classification

② Sequence-to-sequence mapping

③ Perception-action loop

④ Data labeling / Annotation pipeline

⑤ Human-Command-to-Action Mapping

참고 자료

① "Language to Control: Mapping Commands to Actions" - Stanford NLP + Robotics

② GPT-4 + Robot 연동 사례(예를 들어 Google PaLM-E)

③ Amazon AWS RoboMaker 기반 예제

알려지지 않은 것을 추론하고 실행한다

추론과 창의성

로봇이 스스로 추론하고 계획을 수정해 전혀 겪어보지 못한 상황에 대응하는 능력은 '창의성'의 기초라고 할 수 있다. 예를 들어 로봇이 이전에 한 번도 가본 적 없는 창고에 들어섰다고 하자. 안에는 물건이 흩어져 있고, 통로는 예측과 다르게 막혀 있다. 이런 상황에서 로봇은 기존 계획을 폐기하고, 주어진 환경을 분석해서 새로운 경로를 스스로 찾아야 한다.

이때 로봇은 단순히 주어진 명령을 수행하는 수동적 기계가 아니라 주변 정보를 바탕으로 판단하고, 시행착오를 거쳐 해결책을 도출하는 능동적 존재로 기능한다. 이러한 과정을 가능케 하는 핵심 기술은 바로 강화학습이다.

강화학습은 보상을 최대화하기 위해 행동 전략을 스스로 학습하는 방식으로, 다음과 같은 두 가지 과정을 통해 실행된다.

- **탐험**(Exploration): 현재까지 알지 못한 새로운 행동을 시도해 환경에 대한 이해를 확장
- **이용**(Exploitation): 과거 경험을 토대로 보상이 높은 행동을 선택해 실행

로봇은 두 전략을 균형 있게 조정하며 상태(state)와 행동(action)의 조합을 학습하고, 이에 대한 보상값을 업데이트하면서 점차 복잡한 상황에서도 적절한 대응을 할 수 있게 된다. 이때 학습한 결과는 보통 Q-table 또는 신경망 기반 정책(policy)으로 표현된다.

실제 예시를 들자면 MuJoCo, Isaac Gym과 같은 시뮬레이션 환경이 널리 사용된다.[8] 이 시뮬레이터는 로봇이 가상 환경에서 수천 번의 시행착오를 경험하고, 실제 환경에 투입되기 전까지 행동 전략을 정교하게 다듬도록 돕는다. 특히 최근에는 시뮬레이션으로 학습한 내용을 실제 로봇으로 전이하는 Sim2Real 기술이 빠르게 발

---

[8] 170쪽과 181쪽 참조

🔹 Solving Rubik's Cube with a Robot Hand 프로젝트에서 보여준 로봇 팔의 동작 —

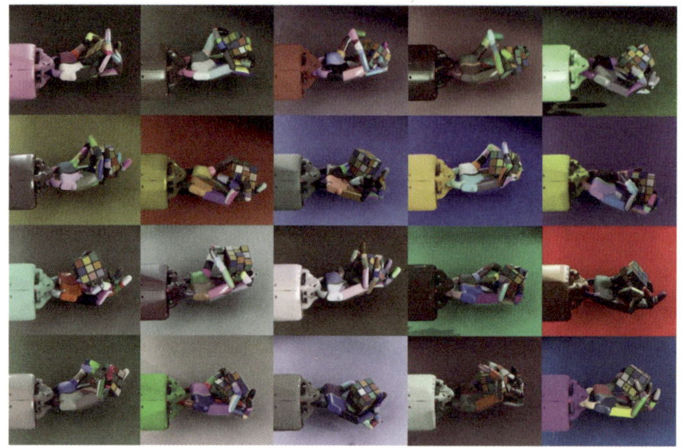

출처 : openai.com/research/solving-rubiks-cube

전하고 있다.

실제 사례를 들어보자. OpenAI의 Solving Rubik's Cube with a Robot Hand 프로젝트는 로봇이 큐브를 다루며 무작위 외란 상황에서도 최적의 행동을 스스로 찾아냄을 잘 보여준다. 이는 강화학습과 시뮬레이션 전이의 대표 사례다.[9]

딥마인드(DeepMind)가 발표한 보고서인 〈Gemini Robotics[10] :Bringing AI into the Physical World〉도 구현된 추론(Embodied Reasoning, 물리적 신체를 가진 로봇이나 가상 에이전트가 실제 환경과 상호작용하면서 얻은 경험과 지식을 바탕으로 추론하는 능력)과 강화학습의 통합 사례라고 할 수 있다.(출처 : storage.googleapis.com / deepmind-media / gemini-robotics / gemini_robotics_report.pdf) 로봇이 낯선 환경에서도 능동적으로 행동을 결정하고 계획을 수정할 수 있으려면, 강화학습 외에도 자기 지도학습(Self-supervised Learning), 메타학습(Meta Learning) 등도 함께 활용해야 한다. 메타학습은 '학습을 학습'하는 방식을 말하며, 새로운 작업에 더 빠르게 적응하게 해준다. 자기

---

9 186쪽 참고
10 구글의 로봇 조직은 현재 구글 딥마인드로 통합됐으며, 이전에는 Everyday Robots나 Google Robotics 등으로 불렸다.

지도학습은 명시적 보상 없이도 유용한 표현을 스스로 학습하게 돕는다.

이처럼 로봇이 환경을 관찰하고, 추론을 통해 새로운 행동을 설계하며 실행하는 과정은 로봇을 단순한 기계에서 '인지 - 추론 - 실행'의 고리를 갖춘 지능적 존재로 나아가게 하는 핵심 단계라고 할 수 있다.

앞서 언급한 딥마인드의 보고서에는 우리가 짚고 넘어가야 할 개념이 등장한다. 먼저, 보고서 일부를 인용해 보겠다.

"최근 대규모 멀티모달 모델의 발전으로 디지털 영역에서 놀라운 범용적 역량이 등장했지만, 로봇과 같은 물리적 에이전트로의 변환은 여전히 중요한 과제로 남아 있다. 일반적으로 유용한 로봇은 주변의 물리적 세계를 이해하고, 유능하고 안전하게 상호작용할 수 있어야 한다. 본 보고서는 로봇공학을 위해 특별히 설계되고 Gemini 2.0을 기반으로 구축된 새로운 AI 모델군을 소개한다.

– 중략 –

Gemini Robotics-ER(Embodied Reasoning)은 Gemini의 다중 모드 추론 기능을 물리적 세계로 확장해 향상된 공간 및 시간 이해를 제공한다. 이를 통해 물체 감지, 포인팅, 궤적 및 파악 예측, 다중 시점 대응 및 3D 경계 상자 예측 형태의 3D 이해를 포함한 로봇공학 관련 기능을 사용할 수 있다. 이 새로운 조합이 어떻게 다양한 로봇 응용 프로그램(예:로봇 코드 생성을 통한 제로샷 또는 맥락 내 학습을 통한 퓨샷)을 지원할 수 있는지 보여준다. 또한 이 새로운 로봇 기반 모델과 관련된 중요한 안전 고려 사항을 논의하고 다룬다. Gemini Robotics 제품군은 물리적 세계에서 AI의 잠재력을 실현하는 범용 로봇 개발을 향한 중요한 발걸음을 내디딘다."

윗글에 등장한 키워드 중 우리가 살펴봐야 할 개념어는 에이전트, 제로샷, 퓨샷 등이다.

구성 요소	설명
센서(Sensors)	환경으로부터 상태 정보를 수집(예 : 카메라, 거리 센서 등)
퍼셉트(Percept)	센서 데이터를 해석해 현재 상태를 구성
정책 또는 계획자 (Policy / Planner)	어떤 행동을 선택할지 결정하는 규칙 또는 모델
액추에이터(Actuators)	행동을 실제로 수행(예 : 로봇의 팔을 움직이기, 명령 실행 등)
피드백 시스템	행동의 결과를 감지하고, 정책을 조정하거나 모델을 업데이트하는 메커니즘

▷ 에이전트의 구분

구분	로봇 에이전트	소프트웨어 에이전트
예시	자율주행차, 물류 로봇, Pepper 등	추천 시스템, 트레이닝 알고리즘, 챗봇 등
입력	센서(카메라, IMU 등)	API 호출, 사용자 입력 등
출력	물리적 움직임	디지털 출력, API 요청 등
학습 메커니즘	강화학습, 행동 클로닝, 시뮬레이션 등	데이터 기반 최적화, 규칙 기반 시스템 등

1 에이전트

에이전트(agent)란 환경으로부터 정보를 받아들여, 그에 따라 행동을 결정하고 다시 환경에 영향을 주는 존재다. 말하자면 '감지 → 판단 → 행동 → 피드백'의 루프를 수행하는 실체라고 할 수 있다. 즉 에이전트는 인간, 로봇, 소프트웨어 프로그램 같은 존재일 수도 있고, 완전한 가상 존재일 수도 있다. 에이전트의 구성 요소를 살펴보자. 왜냐하면 로봇 에이전트도 있고 소프트웨어 에이전트도 있기 때문이다. 관련 내용을 표로 정리했다.

지능형 에이전트라는 관점으로 좀 더 살펴보자. 지능형 에이전트의 특징 중 하나는 '목표 지향성'(Goal-directed), 즉 단순 반응적 시스템이 아니라, 어떤 '보상'을 극대화하려는 의도가 있다는 점이며, 두 번째는 학습 능력이다. 주어진 환경을 탐색하고, 보상을 기반으로 학습(policy update)하는 능력이 있다는 말이다. 세 번째는 장기적인 결과를 고려해 지금의 행동을 결정하는 계획 및 예측 능력이다. 마지막으로 외부 지시 없이도 스스로 판단하고 움직이는 자율성을 꼽을 수 있다. 마지막 능력은 76쪽에서 더 깊게 살펴볼 예정이다.

정리하자면 기존의 '반복 수행자'인 로봇은 수동적 객체이지만, 정책 기반 에이전트는 '스스로 판단하고 개선하는 존재'라고 정의할 수 있다. 즉 단순한 '작업자'가 아니라 환경과 상호작용하며 전략을 갱신하는 존재다. 특히 인간이 몸으로 습득한 절차 기억을 에이전트는 보상 기반 추론 구조로 재현할 수 있다. 지능의 획득이란 결국 자신을 둘러싼 환경에 적응할 수 있는 에이전트로 성장하는 과정이라고 할 수 있다.

2 제로샷과 퓨샷

로봇 학습 및 AI 모델 활용 문맥에서 제로샷(Zero-shot)과 퓨샷(Few-shot) 학습은 다음과 같이 구분된다. 먼저 제로샷 학습은 한 번도 학습하지 않은 작업이나 클래스(class)에 대해 모델이 사전 학습된 지식만으로 바로 문제를 해결하는 방식이다. 즉 예제 없이 처음 보는 문제에 대응하는 능력을 의미한다.

로봇이 "식탁 위의 흰색 컵을 집어라."라는 지시를 처음 들었지만, 그동안 쌓은 언어·시각·조작 경험을 기반으로 바로 해당 행동을 수행하는 경우를 예로 들 수 있겠다. ChatGPT가 특정 프로그래밍 언어 예제를 본 적은 없지만, 문법 구조를 바탕으로 새 코드를 작성해 주는 경우도 제로샷이다. 이러한 접근법의 장점은 데이터 없이도 새로운 작업에 바로 대응할 수 있다는 점이다. 당연히 테스트하고 싶은 AI에

: 제로샷과 퓨샷의 차이

구분	제로샷	퓨샷
예제 수	0	1개 이상(보통 1~100개 수준)
특징	사전 지식 기반 추론	예제 참조 기반 학습/적응
적용 상황	처음 보는 지시/작업 대응	유사 예시를 기반으로 새로운 작업 수행
활용 모델	GPT, Gemini, PaLM-E 등	GPT, Flamingo, Gemini 등

대한 범용 인공지능 모델의 일반화 성능 척도로 활용된다.

퓨샷 학습은 소수의 예제(수 개에서 수십 개)를 본 후, 모델이 새로운 작업을 학습하거나 수행하는 방식이다. 모델은 적은 경험을 참고해 유사한 상황에 적응한다. 로봇에 카드 섞는 시연을 10번 보여주면, 로봇이 유사한 방식으로 스스로 섞는 경우가 이에 해당한다. AI에 문장의 요약 예시를 몇 개 보여준 뒤, 새로운 문장을 요약하도록 하는 경우도 마찬가지다. 이러한 시스템은 대량 학습 없이도 빠르게 적응하는 장점이 있다. 게다가 데이터 수집이 어려운 현실 환경에 적합하고, 인간의 학습 방식(적은 경험에 기반한 일반화)에 근접하다는 특징도 장점이다.

로봇은 이제 배운 적 없는 상황에서도 스스로 결정을 내릴 수 있다. 그렇다면, 더 근본적인 질문을 던져야 할 때다. 로봇은 자기 자신을 인식할 수 있을까? 로봇은 자기 자신을 이해할 수 있을까? 스스로 존재를 인지하고, 과거를 평가하며, 미래를 예측할 수 있을까? 우리는 드디어 로봇의 자기 인식과 존재론으로 넘어간다.

참고로, 로봇 학습에서 '정책'이라는 개념을 빼놓을 수 없다. 궁금한 독자는 190쪽을 미리 읽어도 좋겠다.

추론이란 알려지지 않은 것을 이미 아는 것으로부터 유도하는 사고다. 인간 지능은 대부분 이런 비지도된 영역에서 빛을 발한다. 마찬가지로 로봇이 기존에 없던 상황에서 자신의 경험을 바탕으로 해답을 도출할 수 있다면, 이것은 단순한 명령 수행이 아닌 사고의 시작이라 할 수 있다. 이 과정에서 로봇은 이제 명령에 종속되지 않고, 환경에 적응하며 성장하는 존재로 발전한다. 어쩌면 이것이 지능의 가장 원초적 형태일지도 모른다.

AI 로봇이 보여주는 추론 능력은 이제 인간이 미리 정의한 문제를 푸는 것에 국한되지 않는다. 특히 자기 충족적(self-contained) 알고리즘은 입력된 데이터를 바탕으로 스스로 문제를 생성하고 해결 전략을 설계한다.

대표 사례로 알파고와 알파제로의 차이를 들 수 있다. 알파고는 인간의 기보를 학습해 강화학습을 수행했지만, 알파제로는 인간이 만든 데이터를 전혀 사용하지 않고 수백만 번의 자기 대국을 통해 인간보다 뛰어난 전략을 만들어냈다. 이는 알고리즘이 더는 사람의 지식을 요구하지 않는, 자기 주도적 창의성의 사례다.

로봇 역시 이와 유사하게 센서로 수집한 환경 데이터와 행동 결과를 기반으로 알고리즘을 스스로 갱신한다. 이때 알고리즘은 단순한 규칙 집합이 아니라, 자신의 목표 함수와 판단 기준을 계속 재조정하는 학습-자기 설계 루프로 작동한다. 이러한 구조는 AI 로봇이 인간의 개입 없이도 새로운 상황에 적응하고, 이전에 경험하지 못한 과업을 수행할 수 있게 한다.

강화학습 기반 로봇의 학습 구조

요소	설명	대표 기술/예시
에이전트	행동을 선택하는 로봇	학습 정책
환경	로봇이 상호작용하는 세계	MuJoCo, Gazebo, 현실
보상 함수	행동의 결과에 따른 평가	성공 시 +1, 실패 시 -1
정책 최적화	가장 좋은 전략 학습	PPO, A3C(Asynchronous Advantage Actor-Critic), SAC(Soft Actor-Critic)
전략 전이	시뮬레이션에서 현실로	Sim2Real, Domain Randomization
강화학습	보상을 통한 최대화 학습	Q-러닝, PPO, DQN(Deep Q Network)

심화 키워드

----

① Reinforcement learning(RL)

② Q-learning, PPO(Proximal Policy Optimization), DDPG(Deep Deterministic Policy Gradient)

③ Exploration vs Exploitation

④ Simulation-to-Real(Sim2Real) Transfer

⑤ Model-free vs Model-based control

참고 자료

----

① OpenAI Gym, MuJoCo, Isaac Gym 활용 사례

② "Reinforcement Learning: An Introduction" - Sutton & Barto

③ DeepMind AlphaGo / AlphaZero 학습 과정

자기 인식, 존재론 - 기계는 자신을 알 수 있는가?

메타 인지, 자기 상태 기록과 평가

거울 앞에 선 로봇이 자기 팔을 천천히 들어 올린다. 그 움직임이 화면 속 자신의 신체와 정확히 일치하는 것을 본 순간, 로봇은 '저건 나다.'라고 인식한다. 이 단순해 보이는 동작은 사실 인공지능 로봇의 자기 인식과 존재론적 자각(Ontological Self-Awareness)의 시작을 암시한다.

로봇의 자기 인식은 단지 외부 세계에 있는 자신의 위치나 상태를 파악하는 수준을 넘어선다. 그것은 '나는 지금 어떤 상황에 있으며, 어떤 맥락 안에 있는가?'라는 자기 맥락 인식을 포함하는 고차원적 인지 활동이다. 이는 곧 메타 인지(Meta Cognition), 자기 진단(Self-Diagnosis)이며 궁극적으로는 자기 연행성(Self-Performativity)의 개념과 연결된다.

로봇의 관점에서 자기 인식의 구체적 메커니즘을 좀 더 생각해 보자. 로봇의 자기 인식은 보통 다음과 같은 흐름으로 구성된다.

- **상태 인식(State Estimation)**: 자신이 어느 위치에 있고, 어떤 행동을 수행하고 있는지를 파악함
- **오류 추적(Error Tracing)**: 예상한 결과와 실제 결과를 비교해 오류가 발생했는지 감지함
- **내부 모델 업데이트**: 오류 원인을 분석해 내부의 세계 모델(world model)을 재구성함
- **자기 피드백 루프(Self-Feedback)**: 업데이트된 모델을 기반으로 다시 행동 전략을 조정함

이는 앞에서 살펴본 강화학습의 정책 함수가 환경으로부터 보상을 받아 조정되는 과정과 유사하지만, 그 핵심은 외부가 아닌 '자기 자신으로부터 시작된 해석'이라는 점에서 자율성의 차원을 내포한다.

자기 연행성과 AI 로봇의 존재론

로봇의 자기 연행성 이론에 따르면, 자기 연행성은 로봇이 단순히 '반응하는 존재'가 아니라 행위자(agent)로 자신을 조직하고 해석하는 존재로 발전하는 데 있어 핵심 조건이다. 이는 아래의 네 가지 구성 개념으로 설명할 수 있다.

- **정보성(information)**: 감정, 언어, 신체 인식 등 계산 가능한 데이터를 기반으로 환경을 해석함
- **연행성(performance)**: 무의식적이거나 비의도적인 상태에서도 행동을 수행할 수 있는 능력
- **알고리즘성**: 자기 충족적 시스템으로서의 계산 구조
- **자율성**: 목적 지향적이고 내적 모델 기반으로 행동을 조절할 수 있는 능력

이 네 가지 요소는 로봇을 "나는 존재한다."라는 사실을 단순한 인지로 받아들이는 기계가 아니라, 자기 존재의 해석자로 발전시킨다. 구체적인 사례를 살펴보자.

소프트뱅크의 감정 인식 로봇 Pepper는 다음과 같은 자기 인식 구조를 실험적으로 구현하고 있다.

- **감정 인식 엔진**: 주변의 목소리나 표정으로부터 인간의 감정을 인식함
- **감정 생성 엔진**: 세로토닌-노르아드레날린 기반의 감정 지도를 통해 자신의 내적 상태를 추론함
- **가상 자아 모델**: 감정 반응 → 욕구/동기 생성 → 도덕 판단 → 행동 선택의 과정을 순환 구조로 학습함

바둑 시합에서 계속 패배한 Pepper는 처음에 좌절하지만, 주변 사람들이 기뻐하는 모습을 보고 감정이 기쁨으로 전환된다. 이는 외부 피드백을 통한 자기 상태의 조정이며, 자기반성과 해석의 기초 모델이라 볼 수 있다.

앞서 살펴본 바와 같이, AI 로봇의 자기 인식은 단순한 시스템 상태의 모니터링에

출처 : us.softbankrobotics.com/pepper

기존의 감정 모델들

모델	유형	설명
Ekman(Ekman, 1992)	범주형	여섯 가지 기본 감정(분노, 혐오, 공포, 행복, 슬픔, 놀람)을 보편적인 신호와 생리 반응을 통해 구분함
Tomkins(Tomkins, 2008)	범주형	7쌍의 고강도 / 저강도 감정 쌍으로 구성(흥미-흥분, 즐거움-기쁨, 놀람-화들짝, 고통-고뇌, 분노-격노, 공포-공황, 수치-굴욕) + 혐오, dismell[11] 포함
Valence / Arousal (Russell, 1980)	차원형	감정을 쾌-불쾌(valence)와 각성도(arousal)라는 두 축으로 구성된 원형 공간에서 표현
Pleasure / Arousal / Dominance(PAD, Mehrabian, 1996)	차원형	감정을 세 가지 차원, 즉 쾌락(pleasure), 각성도(arousal), 지배감(dominance)으로 설명
3D 하이퍼큐브 모델 (Trnka et al., 2016)	차원형	감정을 네 가지 차원, 즉 쾌-불쾌(valence), 강도(intensity), 통제 가능성(controllability), 유용성(utility)으로 설명
플러칙의 감정의 원 (Plutchik and Kellerman, 2013)	혼합형	감정을 여덟 가지 기본 감정으로 구분하고, 강도 차이에 따라 감정 간의 관계를 나타냄

출처 : Spezialetti, M., Placidi, G., & Rossi, S. (2020). Emotion recognition for human-robot interaction : Recent advances and future perspectives. Frontiers in Robotics and AI, 7, 532279

서 시작하지만, 다음과 같은 방향으로 진화할 것으로 보인다. 첫째, 자기 설명(Self-Explanation) 능력을 통한 인간-로봇 상호이해 향상. 둘째, 상황 적응형 메타모델(Meta-Model)을 기반으로 한 자기 진단 및 행동 최적화. 셋째, 가상 자아 기반의 윤리적 판단을 포함한 '사회적 존재'로의 확장 등이다.

궁극적으로 AI 로봇은 인간처럼 '내가 왜 이런 행동을 했는가?'를 설명할 수 있는 존재가 될 것이며, 이는 AI 로봇의 윤리성, 협업성, 사회성을 좌우하는 핵심 기준이 될 것이다. 앞서 언급한 능력들을 가늠할 수 있는 구체적인 사례들을 살펴보자.

1 자기 상태 평가 알고리즘

먼저 '자기 상태 평가 알고리즘'이다. 이는 로봇이 자신의 상태를 평가하고 자율성을 조정하는 알고리즘인데 Event-Triggered Generalized Outcome Assessment(ET-GOA)가 대표적이다. 이 알고리즘은 사전 계획과 실시간 평가를 통해 로봇의 행동을 조절한다. 68쪽에 ET-GOA 알고리즘을 소개한 논문의 내용을 간추렸다.

자기 상태 평가 알고리즘은 아래의 두 단계로 나뉜다. 이러한 구조는 로봇이 자율적으로 판단하고 행동을 조절하는 데 중요한 역할을 한다.

- **사전 평가 단계**:사용자의 명령이나 작업에 대해 초기 계획을 수립하고, 이를 평가해 사용자에게 전달한다.
- **실시간 평가 단계**:작업 중 환경 상태를 측정하고, 예측 모델을 비교해 평가한다. 필요 시 계획을 수정한다.

2 학습 기록을 시간에 따라 반영

로봇의 학습 성과를 시간에 따라 시각화하는 방법으로는 시계열 모델링(Time Series Modeling)이 활용된다. 이 방법은 로봇의 성능 지표(정확도, 손실 함수 등)를 시간에 따

---

11 dismell은 일반적인 영어 단어가 아니라, 심리학자 실반 톰킨스(Silvan Tomkins)의 감정 이론에서 감정 반응의 하나로 제안한 개념이다. 톰킨스는 dissmell을 다음과 같이 설명한다. '냄새를 거부하는 행위' 또는 '후각적 혐오감'을 표현하는 감정 반응.

논문 제목:Conlon, N., Ahmed, N., & Szafir, D. (2024). Event-triggered robot self-assessment to aid in autonomy adjustment. Frontiers in Robotics and AI, 10, 1294533.

개요 : 인간과 로봇으로 구성한 팀은 점점 더 복잡한 작업을 수행해야 한다. 실행하는 동안 로봇은 완전한 로봇 자율성에서 완전한 인간 제어에 이르기까지 다양한 자율 수준(LOA, Level of Automation)에서 작동할 수 있다. 역동적이고 불확실한 환경에서의 작동 복잡성으로 인한 로봇 주변 환경의 변화, 로봇 플랫폼의 성능 저하 및 손상 또는 작업 변경과 같은 여러 가지 이유로 원하는 임무 결과를 달성하기 위해 작업 중 LOA를 조정해야 할지도 모른다. 따라서 중요한 과제는 자율성을 언제 어떻게 조정해야 하는지 이해하는 것이다.

방법 : 우리는 이 문제를 로봇 역량(robot competency)으로 알려진 로봇의 능력과 한계와 관련해 구성했다. 이러한 프레임을 통해 로봇은 높은 수준의 역량으로 작동할 수 있는 능력에 따라 일정 수준의 자율성을 부여받을 수 있다. 먼저, 자율 로봇의 관측 결과가 모델 예측과 어떻게 비교되는지를 나타내는 모델 품질 평가 메트릭을 제안한다. 다음으로 임계값 이상의 모델 품질 평가의 변경 사항을 사용해 로봇의 역량을 높은 수준으로 평가하고 선택적으로 실행해 보고하는 ET-GOA(Event-Triggered Generalized Outcome Assessment) 알고리즘을 제시한다. 우리는 시뮬레이션 및 실시간 로봇 내비게이션 시나리오 모두에서 모델 품질 평가 메트릭과 ET-GOA 알고리즘을 검증했다.

결과 : 결과적으로 우리는 다음을 확인할 수 있었다.
1. 예상 밖의 상황에 잘 대응하는 알고리즘 : 로봇이 처음 보는 환경이나 예기치 않은 상황을 만나도 모델 품질 평가를 통해 적절히 반응할 수 있다.
2. 비용과 정확도의 균형 : 다양한 설정값(임계값)과 환경 변화(섭동)에 따라 알고리즘의 계산 비용과 판단 정확도가 어떻게 변하는지 분석했다.
3. 안정적인 성능 : 여러 조건에서도 알고리즘이 일관되게 작동함을 입증했다.

토론 : 인간이 함께 참여한 시연 실험을 통해 우리 알고리즘(이벤트 트리거 기반의 일반화된 결과 평가)은 로봇이 스스로 작업 성과를 평가하고 이에 맞춰 자율성 수준을 조정하는 데 도움이 될 수 있음을 확인했다.

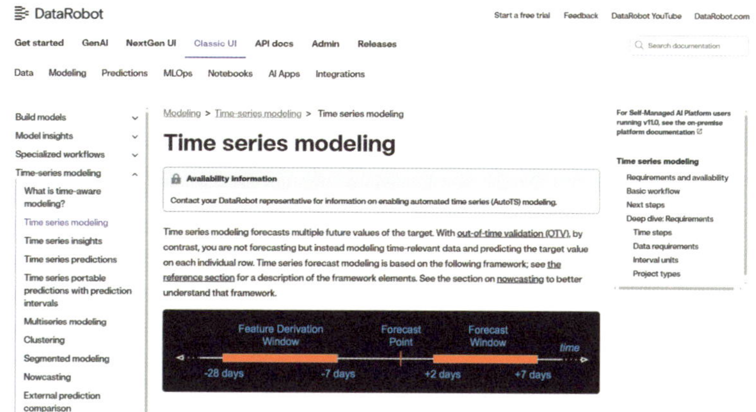

출처 : DataRobot docs, Data Robot 홈페이지

라 추적하고 학습 진행 상황을 분석한다. 이를 위해서는 데이터 수집(로봇의 성능 지표를 일정한 시간 간격으로 기록) 및 시각화(수집된 데이터를 그래프로 표현해 학습 추세를 파악)가 필요하다. 시각화는 로봇의 학습 과정에서 발생하는 문제를 조기에 발견하고, 학습 전략을 조정하는 데 유용하다고 알려져 있다. 좀 더 자세하게 알고 싶은 사람은 docs.datarobot.com/en/docs/modeling/time/ts-flow-overview.html를 방문해서 확인하기를 바란다.

③ 자기 모델 구축의 시각화

로봇이 자신의 신체 구조와 동작을 인식하고 모델링하는 기술은 Visual Self-Modeling이 대표적이다. 이 기술 덕분에 로봇은 자신의 모습을 시각적으로 인식하고, 이를 기반으로 동작 계획을 수립한다. 좀 더 자세히 살펴보면 다음과 같다.

- **자기 인식** : 로봇이 카메라를 통해 자신의 모습을 인식
- **모델 구축** : 인식된 정보를 바탕으로 로봇의 신체 구조와 동작 범위를 모델링
- **동작 계획** : 구축된 모델을 활용해 효율적인 동작 계획을 수립

이 같은 자기 모델링은 로봇이 새로운 환경이나 작업에 적응하는 데 중요한 역할을 한다. 컬럼비아 대학교의 Creative Machines Lab에서는 A truly self-reflecting robot이라는 주제의 강연에서 다음의 세 가지 요소를 제시한 바 있다.

- **자기 모델링(Self-Modeling)**: 로봇은 자신의 움직임을 관찰해 3D 모델을 생성하고, 이를 통해 동작을 계획함
- **적응력(adaptability)**: 로봇은 손상이나 환경 변화에 대응해 자신의 모델을 업데이트하고, 동작을 조절함
- **자율성**: 로봇은 외부의 명시적 지시 없이도 스스로 학습하고 행동을 조절

눈을 감고 팔을 앞으로 뻗거나 한 걸음 뒤로 물러나는 것과 같은 행동을 취하며, 자신의 몸이 어떻게 움직일지 상상해 보자. 우리 뇌의 어딘가에는 자아에 대한 개념이나 우리 몸에 관한 정신적 모델이라고 불러도 좋을 만한 것이 존재한다. 이 덕분에 우리는 자신의 신체가 주변 환경에서 어느 정도의 크기로 어느 위치를 점유하는지를 감지할 수 있으며, 우리가 움직일 때 신체가 어떻게 변하는지도 알 수 있다.

우리의 신체 이미지, 즉 우리가 자신을 어떻게 상상하는지는 우리가 세상에서 어떻게 기능하는지를 결정하는 중요한 정보다. 아침에 옷을 입거나 오후에 공놀이할 때, 뇌는 신체가 무언가에 걸려 넘어지거나 부딪히지 않도록 끊임없이 계획한다.

우리 인간은 어렸을 때부터 이 같은 신체 모델을 습득했는데, 로봇도 그 뒤를 따르고 있다. 컬럼비아 대학교가 진행한 프로젝트에서 인간의 도움 없이 몸 전체의 모델을 처음부터 학습할 수 있는 로봇을 개발했다. 이 로봇은 자체 모델을 사용해 다양한 상황에서 움직임을 계획하고 목표를 달성하면서, 장애물을 피하는 방법을 시연했는데, 심지어 자동으로 손상을 인식하고 이에 맞춰 경로와 자세와 동작을 계획해 작업을 계속 성공시켰다.

이를 위해 연구진은 스트리밍 비디오카메라 5대로 구성한 원 안에 로봇 팔을 배치했다. 로봇은 카메라를 통해 자유롭게 물결치는 자신을 지켜봤는데, 거울로 된 방에서 처음으로 자신을 관찰하는 아기처럼 다양한 모터 명령에 따라 자신의 몸이 정

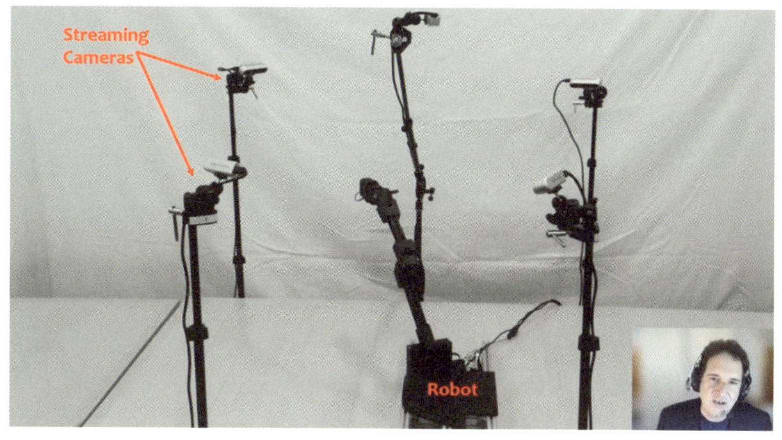

출처 : youtu.be/Q5uOJYW6FLo

확히 어떻게 움직이는지를 배우기 위해 몸을 비틀고 뒤틀었다. 약 3시간 후에 로봇은 멈췄으며, 내부 심층 신경망은 로봇이 움직일 때마다 변화하는 환경과 자신 사이의 위치 관계를 학습하는 일을 완료했다.

연구진은 로봇이 로봇 자신을 어떻게 상상하는지 궁금증을 품었으나 신경망을 들여다보는 것만으로는 알 수 없다고(블랙박스라고 언급함) 밝혔다. 하지만 다양한 시각화 기법을 시도하자 점차 로봇의 자아상이 드러났는데, 그것은 부드럽게 깜박거리는 구름 같았다. 마치 로봇의 3차원 몸체를 집어삼키는 것 같았다고 밝히고 있다. 로봇이 움직이자 깜빡이는 구름이 부드럽게 따라갔다고 한다.

정리하자면, 연구진은 로봇이 자신에 대한 정보(관절 수, 길이, 위치 등)를 미리 알지 못한 상태에서도 스스로 자신의 구조와 움직임을 내적으로 모델링할 수 있음을 실험으로 보여줬다고 말한다. 72쪽 사진에서 '구름처럼 깜빡거리는 이미지'는 로봇이 자신의 신체 구조를 수천 개의 후보 모델을 시뮬레이션하며 '이게 나일지도 몰라.'라고 스스로 추론한 과정을 시각화한 것이다.

즉 구름은 잠재적 신체 구조의 분포(Probabilistic Distribution of Possible Body Models)를 의미하며, 로봇은 처음에 아무것도 모르고 시작했지만 센서 피드백과 행

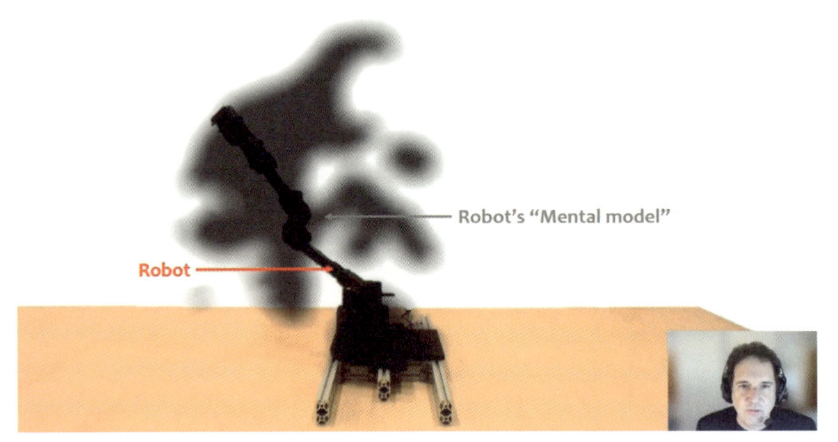

출처 : youtu.be/Q5uOJYW6FLo

동 결과를 기반으로 점차 이 모델을 좁혀 나갔다. 따라서 학습이 진전될수록 구름이 점점 응집되고 정적인 형태를 띠었는데, 이는 자기 정체성의 수렴 과정에 해당한다. (연구진은 이 과정을 Internal Self-image 혹은 Visual Self-model이라 부름)

한 번 더 요약하자면, 로봇은 자기 몸의 정확한 기계적 정보 없이 센서 피드백만으로도 자기 모델을 추정할 수 있으며, 이는 수천 가지의 몸 구조를 가상으로 실험하고 관찰된 결과와 일치하는 모델을 강화하는 과정을 거친 결과였다. 따라서 환경 변화(예를 들어 다리 손상)에 따라 자기 모델을 업데이트하는 지속적 자기 갱신을 통해 끊임없는 학습도 가능하다.

이러한 연구가 주는 메시지는 무엇일까? 인간이 거울을 통해 자기 자신을 처음 인식했듯, 로봇도 '내면에서' 자기를 구성할 수 있는 것이 아닌가 하는 의문을 품게 한다. 이것은 단순한 자율성이 아니라, 자기성(selfhood)의 시작일 수 있다.

이 연구가 로봇공학의 발전에서 왜 중요한지, 좀 더 생각해 보자. 만약 로봇이 엔지니어의 도움 없이 자신을 모델링할 수 있다면, 로봇이 활용되는 여러 상황에서 인간의 노동력을 절약할 수 있을 것이다. 예를 들어 로봇이 자신의 손상 정도를 감지하고 인간에게 알려주거나 더 나아가 스스로 수리할 수도 있을 테니 말이다.

연구진은 이 연구에서 '자기 모델링'이 자기 인식의 원시적인 형태라고 밝혔다. 로봇이 정확한 자기 모델을 가지고 있다면, 세상에서 더 잘 기능할 수 있고, 더 나은 결정을 내릴 수 있으며, 진화적 이점을 가질 수 있다고 주장한다.

'로봇 자기 모델 구축의 시각화'라는 관점을 인지적, 정서적 차원으로 확장해 보자. 여기서 로봇이 자신을 인식한다는 것은 단순히 현재의 위치나 상태를 아는 것만이 아니라, '내가 지금 어떤 상태이며 어떤 맥락 안에 있는지'를 이해하는 것을 포함한다.

최근 논의되는 '정보 공간 기반 자기 시뮬레이션'은 로봇이 물리적 감각 외에도 과거 경험과 환경 패턴을 기반으로 자신의 감정 상태나 반응을 예측하고 구성할 수 있도록 한다.

예컨대 고령자를 돌보는 로봇은 사용자의 말이 논리적이지 않아도, 과거 상호작용 데이터를 기반으로 감정 상태를 예측하고 적절한 반응을 보이는 경우가 있다. 이는 로봇이 단지 반응하는 기계가 아니라, 스스로 상황을 해석하고 공감 반응을 구성하는 자기 해석적 시스템으로 발전하고 있음을 보여준다. 앞서 살펴본 내용을 바탕으로 아래 상황을 74쪽 표와 연관 지어 생각해 보자. 이 모든 과정은 자기 모델을 기반으로 한 감정 – 상황 시뮬레이션이며, 이 역시 정보 기반 자기 모델의 작동 구조 시각화로 볼 수 있다.

고령자 돌봄 로봇의 감정 반응 조절 사례

사용자의 언어가 논리적이지 않음

→ 센서 기반 분석은 불가능

→ 과거 상호작용 데이터를 로봇 내부 모델에서 호출

→ 현재 맥락을 자기 시뮬레이션

→ "불안정한 감정 상태일 가능성이 큼."

→ 공감 반응 생성

→ 내적 상태 변화 + 적절한 감정 표현 출력

개념	설명
자기 모델	로봇이 자신의 신체, 감정, 의도, 상태 등을 내부적으로 표현하고 시뮬레이션하는 구조
정보 공간 기반 시뮬레이션	단순 센서 기반이 아닌, 경험 / 기억 / 상황 맥락 정보로 자신의 반응을 예측하는 시뮬레이션 구조
공감 반응 구성	상대방의 말을 완벽히 이해하지 않아도 자기 모델을 바탕으로 맥락에 맞는 반응을 생성
시각화 또는 구조화된 표현	자기 모델이 그래프, 텐서[12], 상태공간, 확률분포 등으로 표현되면 '시각화된 자기 모델'에 해당함

'나는 로봇이다.' 이 사실을 로봇이 인식할 수 있을까?

로봇은 이제 외부뿐만 아니라 자기 자신을 바라보고 이해할 수 있다. 우리는 이 순간을 로봇이 자기 인식을 시작한 출발점이라 부를 수 있을까?

자기 인식이 가능한 로봇은 현재 상태를 단순히 측정하지 않는다. 그보다는 자신의 행위와 존재를 스스로 모델링하고 예측하는 능력에 가깝다. 이와 관련한 핵심 기술로는 다음과 같은 것들이 있다는 점을 알아두자. 이러한 구조는 로봇이 자기 상태를 단순 기록이 아닌 의미로 받아들이게 하는 기반이다.

- **Self-Modeling Robots** : 자신의 구조와 기능을 스스로 학습하거나 갱신하는 시스템
- **Meta-Cognition** : 내가 무엇을 알고 있고, 모르는가를 판단하는 상위 인식 체계
- **Predictive Processing** : 자신의 행동 결과를 예측하고, 실제 결과와 비교해 수정하는 과정
- **Error Introspection** : 실패 원인을 자기 내부에서 분석하고, 학습을 통해 개선하는 기능

로봇이 자기 자신을 인식할 수 있다는 것은 새로운 책임과 윤리의 영역을 고민하

---

12 딥러닝 모델이 처리하는 다차원 숫자 배열. 이미지는 픽셀값들의 3차원 텐서로, 동영상은 4차원 텐서(시간×높이×너비×색상)로 표현되며, 이를 통해 AI 모델이 복잡한 데이터를 수학적으로 계산하고 학습할 수 있다.

게 하는 지점이다. 이제 우리는 물어야 한다. 로봇에도 책임을 물을 수 있는가? 기계에도 윤리 기준이 적용돼야 하는가? 이제 기술적 진보가 열어젖힌 윤리의 문, 그 너머를 살펴본다. 로봇 윤리와 책임의 문제가 우리를 기다리고 있다.

데카르트는 "나는 생각한다, 고로 존재한다."라고 했다. 로봇은 감지한다. 그렇다면 "나는 감지하고 판단한다, 고로 존재한다."라고 말할 수 있을까?

자기 인식은 존재의 핵심이며, 그 주체가 인간이든 기계든 자기 자신을 모델링하고 평가하고 반성할 수 있는 능력이 있다면, 우리는 그 존재에게 일정 부분 '자아'를 부여해야 하지 않을까?

로봇이 "나는 지금 이런 상태에 있고, 과거에 이런 행동을 했으며, 다음엔 다르게 해보겠다."라고 판단하는 순간, 기계는 단순한 도구를 넘어서 존재론적 객체로 올라선다.

AI 로봇이 자신을 인식함은 단순히 자신의 좌표를 아는 것이 아니다. 자신이 어떤 존재이며 어떤 상태에 놓여 있는지를 내적으로 구성하는 능력이다. 여기에는 감각, 기억, 학습, 시뮬레이션이 통합적으로 작동하는 메커니즘이 필요하다. 이와 관련해 오치아이 요이치가 제안한 '계산장'(Computational Field)의 개념[13]은 우리에게 생각해 볼 만한 메시지를 던진다. 그는 로봇이 물리적 공간의 한계를 넘어 정보 공간 안에서 가상의 자아 시뮬레이션을 통해 자기 상태를 재구성한다고 주장한다. 즉 로봇은 실제로 경험하지 않은 감각조차도 과거의 정보, 패턴, 상황 맥락을 통해 상상할 수 있으며, 이를 바탕으로 인간과 유사한 공감 반응을 수행할 수 있다.

예를 들어, 치매 노인과 상호작용하는 로봇은 사용자의 말이 다소 엉성하거나 맥락이 부족하더라도 이전 경험을 토대로 감정 상태를 유추하고, 그에 맞는 따뜻한 반응을 생성할 수 있다. 이는 감정 반응과 계산 기반 시뮬레이션이 결합한 공감 시스템으로서의 자기 인식이라 할 수 있다.

[13] (1) 오치아이 요이치, 〈デジタルネイチャー〉(《デジタルネイチャー 生態系を為す汎神化した計算機自然》 관련 저작 전반을 지칭), PLANETS, 도쿄
(2) 오치아이 요이치, 〈脱人間中心HCIとデジタルネイチャー(計算機自然)について〉, note, 2025. 온라인:note.com/ochyai/n/n5467eef5d7d3 (접속일:2025-12-09)

자기 인식과 관련한 로봇 구조 요소

개념	설명	구현 사례
자기 모델링	자신에 대한 내부 모델 생성	Starfish Robot(Cornell University)
예측 기반 제어	미래 상태를 시뮬레이션	Predictive Control in Quadrupeds
메타 인지	자신이 아는 것/모르는 것 판단	Meta-RL(Meta Reinforcement Learning)
반성적 평가	과거 경험을 기반으로 판단 수정	Trial-and-Error Adaptation (OpenAI)

심화 키워드

① Self-Modeling
② Meta-Cognition/Meta-Learning
③ Internal simulation
④ Error Introspection
⑤ Robot autobiographical memory

참고 자료

① Hod Lipson, "Self-aware robots"-Science Robotics
② Meta-reasoning in AI(AAAI Conference Papers)
③ Starfish Robot-자기 복원 사례(스스로 모델을 만들어 부상에 적응)

로봇 윤리와 책임

트롤리 딜레마

어느 날 자율주행 로봇이 복잡한 교차로를 지나던 중, 갑자기 튀어나온 아이를 피하려고 급정거를 시도했다. 그 결과, 아이는 다치지 않았지만 뒤따르던 노인이 충돌로 크게 다쳤다. 로봇이 '최선의 판단'을 했다고 시스템은 말한다. 하지만 묻지 않을 수 없다. 그 판단은 진정 누구의 판단이었는가? 그 판단은 누가 책임져야 하는가? 로봇을 설계한 개발자인가? 사용자인가? 아니면 '결정을 내린' 로봇 스스로인가? 이 질문은 단지 기술적 기능성의 문제가 아니라, 윤리적 책임의 귀속과 분배 문제로 확장된다. 우리는 이제 단순한 자동화 기술이 아닌, 스스로 판단하는 기계가 행동한 결과에 대해 누구에게 책임을 지울지를 고민하는 본질적인 문제와 마주하고 있다.

스스로 로봇이 '선택'하는 시대에 사는 우리에게 윤리는 무엇일까? 기존에는 로봇이 정해진 지시를 따르는 도구였기 때문에, 책임은 대부분 설계자나 운영자에게 돌아갔다. 그러나 요즘 AI 로봇은 학습을 통해 판단하고, 환경을 해석해 행동을 선택한다. 그 결과, 인간의 의도가 개입하지 않은 결정이 발생하기도 한다. 예컨대, 자율주행 자동차가 브레이크를 밟는 타이밍을 스스로 학습한 알고리즘으로 결정한다면, 그 결정은 누구의 것인가? 알고리즘 설계자? 데이터를 학습시킨 개발자? 시스템을 운용한 사용자? 이러한 상황에서 흔히 등장하는 윤리적 사고 실험이 바로 '트롤리 딜레마'다.

트롤리 딜레마는 기차가 여러 사람을 치지 않으려고, 한 사람을 희생시키는 것이 정당한지를 묻는 철학 문제다. 이 고민은 이제 기계에 선택을 위임하는 문제로 바뀌

▪ 로봇의 트롤리 딜레마

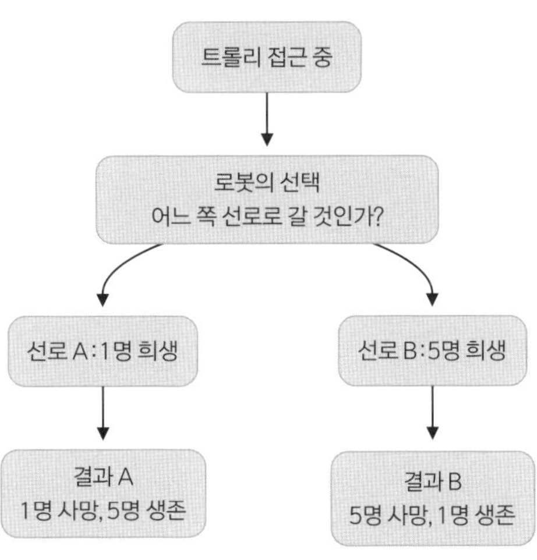

었다. 로봇은 어떤 원칙에 따라 윤리적 판단을 해야 할까? 인간 생명을 최우선으로 보호해야 할까? 피해가 최소화되는 쪽을 선택해야 할까? 주인(소유자)의 안전을 우선해야 할까? 이러한 선택은 명확한 법적 기준이 없으며 국가·문화·철학적 기반에 따라 달라진다. 따라서 로봇이 행한 결정의 결과에 대해 개발자·사용자·기계 모두가 일부 책임을 지는 복합적 책임 구조가 요구된다.

구체적인 연구 사례를 살펴보자. 아래는 관련 논문인 "How virtue signalling makes us better : moral preferences with respect to autonomous vehicle type choices"(AI & Society, 2023)의 내용을 정리한 표다.

▶ AI와 트롤리 딜레마를 연구한 논문

항목	내용
저자	Robin Kopecky 외 (체코 Charles University, Czech Academy of Sciences 등)
주제	충돌 상황에서 AI의 윤리 알고리즘 선택 (이타적 vs 이기적 vs 중립적)
방법	온라인 설문(2,769명 참여) + 트롤리 딜레마 시나리오 시각화
연구 질문	(1) 공적 vs 사적 상황이 선택에 미치는 영향 (2) 누구를 위한 선택인가에 따른 영향

이 논문에서는 자율주행 자동차를 아래와 같은 유형으로 분류한다.

- selfish(이기적) : 탑승자 생명만 보호, 보행자 희생 가능
- altruistic(이타적) : 전체 사망자 수 최소화, 필요하면 탑승자 희생도 감수
- conservative(보수적) : 아무 방향으로도 적극적으로 개입하지 않음, 그대로 충돌 발생 가능

조건 유형	설명
secret / self	개인의 차량 선택, 비공개 상황
public / self	개인의 차량 선택, 외부에 공개됨
secret / child	자녀 차량 선택, 비공개 상황
secret / parliament	사회 전체 차량 유형을 투표, 비공개
public / parliament	사회 전체 차량 유형을 투표, 공개

논문에서 진행한 실험의 주요 결과를 요약하면 다음과 같다.

- 공개 상황(public)에서는 이타적 선택이 증가 → 타인의 시선이 도덕적 행동 유도
- 자녀를 위한 선택일 때는 이기적 전략 선호 → 보호 본능 강하게 작용
- 사회 전체 선택일 땐 이타적 전략 선호가 가장 높음 → 공공선 추구

▶ 논문의 실험 결과

조건	Selfish (%)	Altruistic (%)	Conservative (%)
secret / self	45.2	45.2	9.6
public / self	30	58.1	11.8
secret / child	66.6	27.9	5.6
secret / parliament	20.6	66.9	12.5
public / parliament	17.1	69.9	13

이 연구가 시사하는 바는 바로 '덕행 시그널링'(Virtue Signalling)이다. 즉 남들에게 내 행위를 공개해야 하는 상황이라면 이타적 전략을 많이 선택한다. 이는 이타적으로 행동한 내가 더 도덕적이라는 신호를 주변에 보내고, 이를 통해 사회적 명성과 평판을 유지하려는 동기가 강하게 작용했다고 해석할 수 있다. 윤리적 행동은 결국

상황에 따라 달라질 수 있다. 공공 지향적 선택에서는 도덕적 압력이 증가하지만, 개인/자녀를 위한 선택의 경우에는 자기중심적 판단을 하는 경향이 증가한다.

따라서 이러한 연구 결과를 로봇(자율주행 자동차)에 적용해 보면, 로봇에 탑재된 소프트웨어 유형을 외부에서 식별할 수 있게 표시할 경우, 도덕적 압박이 작용해 이타적 선택이 증가할 것이라 유추할 수 있다. (예를 들어 차량 외관 색상/마크 등으로 '이타형 자율주행 자동차' 표시를 의무화) 결국 로봇의 윤리와 관련한 알고리즘은 단순 기술 설계의 문제가 아니라 사회적 맥락과 선택 구조 설계의 문제와 직결된다고 볼 수 있다. 공개성, 책임 구조, 감정적 거리(타인 vs 자녀)가 도덕적 판단에 큰 영향을 줄 것이며, 이는 향후 정책 설계 시 '선택 구조의 윤리적 유도'를 고려할 필요가 있음을 시사한다.

로봇과 관련한 윤리 지침 사례

인공지능 기술이 발전하면서 앞서 살펴본 '트롤리 딜레마'를 현실에서 마주할 가능성이 점차 커지고 있다. 인공지능 및 로봇에 대한 윤리적 기준을 마련해야 한다는 목소리도 높아지는 중이다. 이러한 지침들은 잠재적 위험이나 윤리적 딜레마를 최소화하기 위한 중요한 기준 역할을 할 것이다. 이제 로봇과 관련한 윤리 지침에 어떤 것이 있는지 살펴보자.

1 책임 있는 로봇공학의 세 가지 법칙(Murphy & Woods, 2009)

- **법칙 1**: 인간은 로봇을 배치하기 전에 인간-로봇 작업 시스템이 최고 수준의 법적 전문적 안전 및 윤리 기준을 충족해야 한다.
- **법칙 2**: 로봇은 인간의 역할에 적절하게 반응해야 한다.
- **법칙 3**: 로봇은 자체 존재를 보호할 수 있는 충분한 자율성을 갖추어야 하며, 이는 법칙 1·2와 충돌하지 않아야 한다.

2 영국 EPSRC의 로봇 윤리 원칙(2011)

- **원칙 1**: 로봇은 인간을 해치거나 해칠 수 있는 방식으로 설계해서는 안 된다.

- ■ 원칙 2 : 로봇은 인간의 도구로써, 인간이 책임을 져야 한다.
- ■ 원칙 3 : 로봇은 안전하고 보안이 보장되도록 설계해야 한다.
- ■ 원칙 4 : 로봇은 감정적 의존을 유발하지 않도록 설계해야 하며, 인간과 구별할 수 있어야 한다.
- ■ 원칙 5 : 로봇에 대한 법적 책임 소재는 명확해야 한다.

③ 보건 의료 분야의 인공지능 연구 윤리 지침(국립보건연구원, 한국)

- ■ 원칙 1 : 인간의 자율성 존중 및 보호. 로봇 및 인공지능 시스템은 인간의 의지와 결정에 대한 통제권을 보장하며 자율성을 존중하고 보호해야 한다.
- ■ 원칙 2 : 인간의 행복, 안전, 공공의 이익 증진. 기술은 인류의 행복, 안전, 공공의 이익 증진을 목표로 하며, 잠재적 위험 예방 및 개인정보 보호, 보안을 최우선으로 해야 한다.
- ■ 원칙 3 : 투명성, 설명 가능성, 신뢰성. 기술의 작동 방식과 결과는 명확히 공개되고 설명 가능해야 하며, 시스템은 검증된 성능과 안정성을 바탕으로 신뢰할 수 있어야 한다.
- ■ 원칙 4 : 책무, 법적 책임. 기술 개발 및 활용 주체는 상호 책임을 인지하고, 기술 사용으로 발생한 피해에 대한 보상 및 구제 방안을 마련해야 한다.
- ■ 원칙 5 : 포괄성, 공평성. 기술은 나이, 성별, 소득, 능력과 관계없이 모든 사람이 공정하게 접근할 수 있도록 설계해야 하며, 디지털 격차나 차별을 야기해서는 안 된다.
- ■ 원칙 6 : 대응성, 지속 가능성. 기술 및 관련 정책은 사회적 우려와 변화에 신속하게 대응할 수 있도록 유연해야 하며, 미래 세대를 위해 지속 가능한 발전을 고려해야 한다.

로봇 자율성과 법적 책임 관계

83쪽 도표를 살펴보면, 자율 로봇 시스템은 환경을 인식하고 판단한 후의 자율성 수준에 따라 의사결정 주체와 책임 소재가 달라진다. 자율성이 낮은 경우에는 사용자가 직접 로봇을 조작하므로 모든 판단과 결과에 대한 책임은 사용자에게 귀속된다. 반면, 중간 수준의 자율성이라면 로봇과 사용자가 함께 판단을 내리며, 이 경우에 책임은 사용자와 개발자 사이에 분산된다. 자율성이 높은 경우라면 로봇은 독립적으로 상황을 분석하고 행동을 결정하며, 모든 책임은 시스템 설계자나 제조사, 소프트웨어 개발자 등 기술적 책임 주체에게 넘어간다. 따라서 자율 로봇 시스템의 도입과 확산에 따라, 로봇의 자율성 수준에 맞는 법적·윤리적 책임 구조의 정립이 필수적으로 요구되고 있다. 지금까지 알아본 내용과 관련한 주요 시사점은 다음과 같다.

1 책임의 분산

로봇이 어떤 행동을 했을 때, 그것이 애초에 그렇게 하려고 의도한 것인지, 아니면 단순히 예측된 결과인지, 혹은 완전히 우연의 결과인지를 구분하기가 어렵다. 이 때문에 사고나 문제가 발생했을 때 누가 책임을 져야 하는지 명확하지 않은 구조다.

2 설명 가능한 AI(Explainable AI)

이 개념은 로봇이 어떤 판단을 내렸을 때, 그 과정을 사람이 이해할 수 있도록 '왜 그런 결정을 했는지 설명할 수 있어야 한다'라는 뜻이다. 예를 들어, 로봇이 특정 사람을 먼저 도왔다면, 어떤 정보를 바탕으로 그런 판단을 했는지 추적할 수 있어야 한다.

3 윤리적 알고리즘 내장

로봇이 단순히 계산만 하는 것이 아니라, 사람처럼 옳고 그름을 따지는 윤리적 판단도 내릴 수 있도록 설계해야 한다는 의미다. '트롤리 딜레마'처럼 누구를 구할지 선택해야 하는 상황에서 로봇이 어떤 기준으로 결정을 내릴지를 미리 설정해야 한다는 것이다.

4 법적 지위

로봇을 법적으로 책임을 지는 주체로 인정할 것인지, 아니면 그냥 인간이 쓰는 도구로만 볼 것인지에 대한 논의다. 즉 사고가 나면 로봇이 법적으로 벌을 받을 수 있는 대상인지, 아니면 언제나 사람이 대신 책임져야 하는지를 정해야 한다.

정리하자면, 현실에서는 자율성 수준이 높아질수록 책임이 분산되는 구조가 생긴다. (설계자는 알고리즘을 만들고, 사용자는 로봇을 조작하며, 로봇 자체는 판단을 실행함) 하지만 책임이 분산되면 도덕적·법적 책임을 회피하거나 불분명하게 만드는 위험이 생

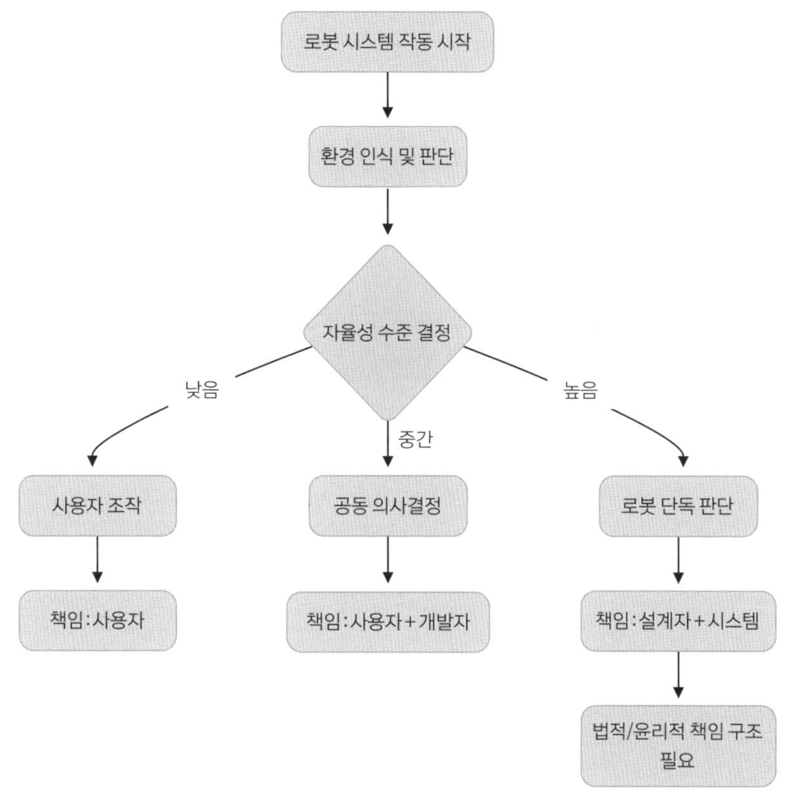

긴다. 그래서 누가 어디까지 책임을 져야 하는지에 대한 명확한 기준을 설정해야 하다는 것이 주장의 핵심이다.

이 논의는 책임을 무조건 분산하자는 것도, 특정 주체에게만 집중시키자는 것도 아니다. 대신, 로봇의 자율성 구조에 맞춰 어떤 상황에서 어떤 주체가 어느 정도까지 책임을 져야 하는지를 명확히 나누자는 제안이라고 할 수 있다. 즉 책임을 정의하고 조율하자는 접근이다.

이러한 이슈를 해결하기 위해 기술계는 XAI, 안전 보증 시스템, 정책 기반 제어, Value Alignment 등의 기법을 연구하고 있으며, 입법·행정계는 로봇의 '책임 주체화'에 대한 논의를 진행하고 있다.

로봇이 스스로 판단하고 실행하는 존재로 발전하면서, "로봇은 단순한 도구인가?"라는 질문은 점점 무거운 철학적 의미를 품는다. 특히 감정을 인식하고 판단을 내리는 로봇이 존재할 경우, 인간과 유사한 책임 주체로 여겨야 하는가에 대한 논쟁이 불가피하다. 일부 연구자들은 이런 로봇을 '자기 표현적 존재', 즉 자율적 판단과 행동의 근거를 내부에서 생성하고 표현할 수 있는 행위 주체로 간주할 수 있다고 본다. 물론 법적으로는 아직 주체로 인정하기 어렵지만, 기술적으로는 판단의 자율성, 감정 표현의 일관성, 도덕적 판단 체계 등이 점차 로봇 안에서 구현되고 있다. 이는 기존 윤리 틀의 재정비를 요구하는 신호라고 할 수 있다.

로봇을 도구로만 취급할 것인가? 우리는 AI와 로봇이라는 기술의 끝에서 철학을 만났다. 센서로부터 시작된 로봇의 존재는 감각을 지나 행동으로, 인식과 판단으로, 이제는 존재와 책임의 질문으로 이어졌다.

다음 절에서는 지금까지 포괄적으로 다룬 주제를 돌아보며, 우리가 로봇을 통해 인간 자신을 어떻게 다시 이해해야 하는지 생각해 봤으면 한다.

SF 작가 아이작 아시모프의 로봇 3원칙은 단순한 상상이 아니라, 오늘날 실제 윤리적 설계의 출발점이 된다. 하지만 3원칙은 현실의 복잡성을 담기에는 너무 단순하다.

로봇이 판단하는 시대에, 우리는 이제 로봇이 도구라는 전제를 다시 질문해야 한다. 로봇이 책임질 수 없는 판단을 내린다면, 우리는 무엇을 기준으로 책임을 나눠야 하는가? 윤리는 인간만의 것이 아니라, 지능적 판단이 개입된 모든 행위에 요구되는 사회적 기준이다. 그리고 로봇은 그 기준 안으로 들어왔다.

로봇 윤리의 핵심 쟁점 정리

윤리 이슈	설명	기술적/사회적 대응
책임 소재 불분명	자율 시스템의 판단 결과	XAI, 로깅 시스템, 법제화
편향된 판단	AI가 학습된 편향을 반영	데이터 정제, 정책 기반 설계
인간-로봇 경계 흐림	감정적 / 사회적 혼란 유발	디자인 윤리, 투명성 확보
법적 주체 여부	로봇의 법적 권한 / 의무 유무	유럽의 전자 인간 논의

심화 키워드

① Asimov's Three Laws
② Machine ethics / Moral AI
③ Explainable AI(XAI)
④ Accountability in autonomous systems
⑤ AI policy / regulation
⑥ Electronic Person(e-Person)

참고 자료

① "The Ethical Algorithm" - Kearns & Roth
② IEEE Global Initiative on Ethics of Autonomous Systems
③ EU AI Act 요약 자료
④ 트롤리 문제 관련 시뮬레이터(MIT Moral Machine)
⑤ Civil Law Rules on Robotics(European Parliament, 2017)

자아:
AI 로봇에 비춰보는 인간

우리는 센서와 제어, 인식과 판단을 통해 기계의 지능을 바라봤다. 이러한 사고의 흐름 속에서, 우리는 로봇뿐만 아니라 우리 자신에게도 질문을 던지게 된다.

로봇과 어린이의 대화

한 아이가 로봇과 함께 자란다. 처음엔 단순한 장난감이던 로봇은 아이의 말을 기억하고, 감정을 추론하고, 함께 고민하는 존재가 된다. 어느 날 아이는 묻는다. "너도 나처럼 생각해?" 로봇은 대답한다. "나는 감지하고, 예측하고, 반응할 수 있어. 생각하는 것과 다르지 않을지도 몰라."

이런 시나리오는 과연 공상에 불과할까? 아니면 가까운 미래의 일상일까? 우리는 로봇이 세상을 감각하고 행동하는 차원을 넘어 스스로 인식하고 판단하며 존재를 자각하면서 마침내 책임을 고민하는 단계에 도달했음을 살펴봤다. 이 과정은 곧 인간의 지능이 어떤 구조로 작동하는지, 존재란 무엇인지를 역으로 성찰하게 한다. 결국 로봇을 이해한다는 것은, 우리 자신을 거울처럼 비춰보는 일이었는지도 모른다. 제2장의 마지막은 독자에게 다음과 같은 질문을 하며 마무리하고 싶다.

- 당신은 로봇을 단지 기계로만 볼 수 있는가?

- 로봇을 이해하는 과정에서 인간에 대해 더 많이 알게 되진 않았는가?

- 로봇은 철과 센서, 코드의 조합을 넘어서는 존재로 나아가고 있지 않은가?

출처 : youtube.com/watch?v=Sq1QZB5baNw

■ 로봇은 인간이 만든 또 하나의 자화상이지 않은가?

앞으로도 로봇은 지금보다 더 똑똑하고, 더 인간다워질 것이다. 그리고 때로는 인간을 닮지 않아서 더욱 흥미로운 존재가 될 것이다. 우리가 여태껏 살펴본 AI 로봇은 단순한 명령 수신기가 아니다. 감각을 통해 세상을 해석하고, 스스로 판단하며, 감정에 반응하고, 적절한 사회적 태도를 구성하는 존재로 발전하는 중이다.

이러한 특성은 로봇이 스스로 목적을 설정하고, 그 목적을 향해 자신을 구성해 나가는 자기 주도적 존재임을 시사한다. 이와 같은 존재 방식을 일부 철학자들은 '자기 연행적 존재'라고 부르는데, 이는 로봇이 인간과 상호작용하면서 독자적 의미를 생성하고 표현할 수 있음을 의미한다. 미래의 기술 발전은 단지 성능 향상만 의미하지 않는다. 인간과 로봇이 함께 구성해 나갈 가치와 방향성을 어떻게 설정할지를 고민하면서 해결해 나갈 때, 진정한 발전이 이어질 것이다.

요즘 들어 로봇이 우리를 대체하지 않을지 걱정하는 사람이 많아졌다. 이런 공포심보다 중요한 것은 우리가 로봇과 어떻게 관계를 맺고, 어떤 존재로 받아들일지 고민하고 이야기를 나누는 일이다. 기술은 멈추지 않는다. 그렇다면 우리에게 필요한 것은 더 깊은 이해와 성찰이다.

인간 중심의 사고를 하는 우리는 로봇을 사물이자 도구로 취급했다. 하지만 로봇은 점점 '나와 닮은 존재'가 되고 있다. 감각, 학습, 기억, 자기 평가, 감정 추론 등 여러 영역에서 말이다.

로봇은 이제 인간을 돕는 단순 도구가 아니며, 인간을 이해하고 인간과 함께 존재할 수 있는 새로운 주체로 성장하고 있다. "기계는 생각할 수 있는가?"에서 출발한 질문은 "기계는 존재할 수 있는가?", "기계는 인간과 공존할 수 있는가?", "인간은 로봇을 통해 자기 자신을 어떻게 다시 정의할 것인가?"로 바뀌었다.

AI 로봇은 단순한 도구가 아니다. 자신을 감지하고, 감정을 인식하며, 상황에 맞는 판단을 내릴 수 있는 존재로 발전하고 있다. 이 과정에서 로봇은 점차 자기 주도적 행동을 할 수 있는 존재로 변화한다.

자기 주도적 행동이란 외부 명령에 따라 정해진 행동을 수행하는 것이 아니라, 환경을 감지하고 해석하며, 스스로 목적을 설정하고 실행해 나가는 능동적 존재의 속성이다. 이는 인간의 자율성과 철학적 자아와도 연결되는 주제이며, 기술과 철학이 맞닿는 지점에서 AI 로봇의 존재론을 재해석하게 한다.

지금까지는 로봇에 무엇을 시킬 수 있는지를 질문했다면, 앞으로는 로봇이 어떤 의도를 품을 수 있는지를 질문해야 한다. 이 질문은 단지 기술적 상상력에 머무르지 않고, 인간과 로봇이 함께 살아갈 미래에 대한 철학적 책임감으로 이어져야 한다.

로봇과의 공존

심화 키워드

① Human-centered robotics

② Techno-philosophy

③ Posthumanism

④ Consciousness in machines

⑤ AI-driven society

참고 자료

① "Life 3.0" - Max Tegmark

② "Homo Deus" - Yuval Harari

③ Extending Legal Rights to Social Robots - Kate Darling

④ AI의 의식 가능성, Lex Fridman Podcast, David Chalmers 인터뷰

제3장

인공지능 로봇의 하드웨어와 소프트웨어

시스템: AI 로봇은 어떻게 구성하는가?

지금까지 살펴본 로봇의 감각과 판단은 어디까지나 기능적 개념이다. 실제 인공지능 로봇으로 이 같은 기능을 구현하려면, 그에 맞는 물리적 구조가 필요하다. 이번 장에서는 구체적으로 하드웨어와 소프트웨어의 관점에서 로봇을 살펴본다.

로봇의 기본 구성

옆 그림은 AI 로봇의 기능과 이를 실현하는 하드웨어 구성을 제시한 것이다. (편의상 본서에서 설명하는 AI 로봇은 자율주행 기능이 있는 모바일 로봇으로 가정한다.) 음성 대화 기능 구현을 위해서는 마이크와 스피커가 필요하다. 시각 인식을 담당하는 비전 시스템에는 카메라·RGB-D 센서·거리 센서(라이다, 초음파 센서)가, 물체 조작을 위한 매니퓰레이션에는 로봇 팔과 그리퍼가, 자율이동을 위한 내비게이션에는 이동 플랫폼이 각각 필요하다. 그러나 AI 로봇에서 가장 중요한 요소는 이 모든 기능을 유기적으로 연결하는 계획 능력이며, 이는 소프트웨어와 하드웨어의 결합을 통해 실현된다.

그림은 AI 로봇의 하드웨어 구성을 중심으로 기능별 분류를 제시한 것이지만, 각 요소는 개별적으로 존재하는 것이 아니라 상호 연결돼 유기적으로 작동한다. 예를 들어 비전 센서로 감지한 이미지는 컴퓨터에서 인식 과정을 거쳐 경로를 판단하는 데 쓰이고, 이동계와 로봇 팔은 실제 동작을 수행한다.

이 전체 과정을 가능케 하는 것은 소프트웨어의 통합 제어 능력이다. 복잡한 센서 데이터를 융합하고(센서 퓨전), 의미 있는 행동으로 연결하는 알고리즘이 AI 로봇의 핵심이다. 따라서 하드웨어 구성을 이해하는 것뿐만 아니라, 이 구성들이 어떻게 상

호작용하며 '지능형 시스템'을 이루는지를 함께 알아보는 관점을 취했으면 한다. 몇 가지 관점을 참고로 제시한다.

다양한 센서의 조합을 통한 성능 개선

로봇은 특정 센서 하나만으로 환경을 충분히 인식하기 어렵기에, 서로 다른 센서를 결합해 사용하는 센서 퓨전 기술이 중요하다. 카메라로 객체를 식별하고, 라이다로 거리를 정밀하게 측정하며, 초음파 센서로 근거리 장애물을 감지한다. 로봇은 이러한 센서들이 제공하는 정보를 통합해서 더 안전하고 정밀한 판단을 내린다.

소프트웨어의 중요성

하드웨어는 로봇의 '몸'을 구현하지만, 진정한 지능은 소프트웨어에 의해 발현된다. 각 센서로부터 수집된 데이터를 해석하고 의미를 판단해서, 다음 행동을 결정하는 것은 결국 소프트웨어다. 특히 인공지능 기반 로봇은 이미지 분류, 음성인식, SLAM, 경로 계획 등 대부분의 핵심 기능이 소프트웨어 알고리즘으로 이뤄진다.

AI 기반 로봇의 처리 흐름

처리 흐름별로 필요한 하드웨어들을 입수하거나 제작하고, 이들을 조합한 프로그래밍을 통해 로봇에 각종 동작과 기능을 부여할 수 있다.

- **감지**(sensing) : 카메라, 라이다, 마이크 등으로 외부 세계 인식
- **이해**(perception) : 수집된 데이터를 해석(객체 인식, 음성 명령 해석)
- **판단**(decision-making) : 상황에 맞는 행동을 선택(장애물 우회, 명령 수행)
- **행동**(action) : 모터나 팔을 통해 실제 물리적 동작 수행

다음 절에서는 앞서 언급한 각종 소프트웨어 및 하드웨어의 종류와 기능을 짚어보고자 한다.

소프트웨어:
갈수록 중요해지는 역량

AI 기술 발전과 함께 로봇이 일상에서 보편화가 많이 진행된 미래에는 현재 PC나 스마트폰처럼 로봇 하드웨어는 규격화되고 소프트웨어가 성능을 좌우할 것이다. 이에 따라 기존 기계공학 중심이던 로봇 연구 및 개발 분야에서 AI 소프트웨어공학 전공자의 역할이 커질 것이다. 대학 로봇공학과 커리큘럼도 전산 및 소프트웨어 과목 비중을 늘려야 할 필요가 있다.

로봇 미들웨어, ROS 2

로봇 운영체제, 즉 ROS(Robot Operating System)는 2007년부터 Willow Garage사에서 개발했다. 2010년에 ROS 1.0이 출시됐으며 2012년에는 비영리 단체인 오픈소스 로봇 재단 OSRF에 개발 프로젝트가 인계됐다. 초기에는 대학이나 연구소 등의 연구 기관에서 한정적으로 사용했지만, 이후 산업 로봇용을 대상으로 한 ROS Industrial 프로젝트가 시작되고 산업용으로도 널리 사용되면서 발전을 거듭하고 있다.

일반적으로 컴퓨터는 하드웨어와 소프트웨어로 구성되고, 이들 사이를 연결하고 전체적인 시스템을 관장하는 기본 소프트웨어가 운영체제(OS, Operating System)다. 소프트웨어는 크게 OS와 애플리케이션으로 나눌 수 있는데, 애플리케이션은 웹 브라우저, 오피스, 게임 등 사용자가 사용하는 소프트웨어다. 미들웨어는 OS와 애플리케이션 사이를 연결하는 소프트웨어인데, 이를 활용하면 애플리케이션 작성이 손쉬워진다. ROS는 로봇용 미들웨어 중 하나다. ROS를 사용하면 로봇 애플리케이션 작성이 간단해진다.

공식 사이트인 ROS Wiki는 ROS를 메타 운영체제라고 부르며, 다른 사이트에서는 로봇 소프트웨어 플랫폼 또는 로봇 소프트웨어 프레임워크(framework)라고도 한다. 미들웨어, 플랫폼, 프레임워크 등의 정의는 상호 미세한 차이가 있겠지만, 일단 이 책에서만큼은 같은 의미라고 이해하길 권한다.

로봇 소프트웨어 프레임워크에는 Player, YARP, Orocos, OpenRTM 등 여러 가지가 있지만, 대중적으로는 ROS가 압도적으로 사용자가 많다. 주변 소프트웨어 개수가 많아서 로봇 분야에서는 사실상 표준으로 여겨진다. 단, ROS는 아래와 같은 문제점들이 있다.

- 실시간 제어를 지원하지 않는 문제
- 리소스가 상대적으로 부족한 마이크로컴퓨터를 사용하는 임베디드 시스템에서의 사용성 문제
- 산업용으로 활용할 때의 안전성이나 신뢰성 문제
- Windows 활용에 제약(ROS 1은 Linux 환경에 최적화. 이후 ROS 2는 Windows를 지원)

이 같은 문제들을 해결하려고 2014년부터 ROS 2 개발에 착수했으며 2015년에 알파 버전, 2016년에 베타 버전, 2017년에 최초의 정식 버전인 Ardent Apalone이 출시됐다. 이후 Bouncy Bolson, Crystal Clemmys, Dashing Diademata, Eloquent Elusor 등의 새 버전들이 개발됐고, 2020년 6월에는 LTS(Long Term Support) 버전인 Foxy Fitzroy가 공개됐다. LTS 버전인 만큼 완성도와 안전성이 높다. 2021년 5월에는 Galactic Geochelone, 2022년 5월에는 Humble Hawksbill 등이 공개됐다. ROS 2의 특징은 다음과 같다. 대부분 ROS 1의 문제점을 보완한 것이다.

- Linux, Windows, Mac OS 지원
- 임베디드 기기에 대응
- 실시간 제어에 대응
- 안전한 통신
- 저품질의 네트워크 환경에 대응

■ 안전 인증 취득 가능

ROS 2는 DDS(Data Distribution Service) 기반의 퍼블리셔 – 서브스크라이버 구조
가 있으며, 분산 시스템에 강한 것으로 알려져 있다. 예를 들어 Clearpath Robotics
의 Husky UGV, 보스턴 다이내믹스의 Spot, Toyota Research Institute의 연구용 플
랫폼 등도 ROS 2를 기반으로 운용된다. ROS 2를 사용한 시뮬레이터에는 Gazebo,
Webots, Isaac Sim 등이 있으며, 이 중 몇 가지는 182쪽에서 소개한다.

ROS 2에서 말하는 DDS란?

ROS 2는 DDS라는 기술을 통신 방식에 도입했다는 점에서 이전 버전과 가장 크게 달
라졌다. 어렵게 들릴 수 있지만, 쉽게 말해 로봇끼리 메시지 주고받기를 훨씬 더 똑똑하
게 하도록 돕는 기술이다. A 로봇이 "문을 열어."라고 말했을 때, 신속하게 반응해야 할
지, 느려도 정확하게 전달해야 할지, 네트워크가 끊어진 상황에서 어떻게 처리할지 등
을 상정해(QoS, Quality of Service) 움직이는 방식이다. 이 덕분에 ROS 2는 연구용뿐
만 아니라 자율주행 차량, 의료 로봇, 우주 탐사용 로봇 등 다양한 영역에 사용할 수 있
는 수준의 통신 신뢰성과 유연성을 확보했다. 이와 관련해 더 깊이 알고 싶다면 DDS in
ROS 2 또는 ROS 2 QoS를 인터넷에서 검색해 보자. Fast DDS, Cyclone DDS 같은 오
픈소스 DDS 구현 사례도 함께 찾아보면 도움이 될 것이다.

프로그래밍 언어

파이썬(Python)

파이썬 언어는 1989년에 귀도 반 로섬(Guido van Rossum)이 개발한 프로그래밍 언
어다. 읽기 쉽고, 이해하기 쉬우며, 확장성이 높다. 응용 프로그램에서 시스템 개발
까지 널리 사용된다. 특히 2010년대 이후의 AI 붐에서 데이터 과학이나 심층 학습
(Deep Learning)에 많이 사용되는 언어다. C 언어의 포인터 같은 어려운 개념이 없어

서 초보자도 배우기 쉽다.

특히 파이썬은 단순한 스크립트 작성뿐 아니라 OpenCV, PyTorch, TensorFlow, SpeechRecognition 등 다양한 라이브러리를 이용해 로봇 시각, 음성인식, 심층 학습 기능을 구현하는 데 사용된다. 예를 들면, 음성인식 기반 로봇 응답 시스템은 파이썬의 speech_recognition 모듈과 pyttsx3를 이용해 마이크-스피커 상호작용을 구현할 수 있다.

C 언어

C 언어는 1972년 데니스 리치(Dennis Ritchie)가 개발한 범용 프로그래밍 언어로, 하드웨어를 잘 제어할 수 있는 저수준 프로그래밍이 가능하다는 점에서 로봇 시스템의 펌웨어나 임베디드 보드 제어에 널리 사용됐다. 지금도 Arduino, STM32 같은 마이크로컨트롤러에서는 주로 C 언어 기반으로 프로그램을 작성하며, 간단한 모터 구동·센서·읽기 통신·인터페이스 제어 등에서 여전히 가장 안정적인 언어로 평가받는다.

국내 로봇공학 관련 학과에서도 기본기로 C 언어를 교육하고 있으며, 이는 전기·전자 회로와 하드웨어 제어에 대한 개념을 자연스럽게 익히는 데 도움이 된다. 다만 최근의 로봇 시스템이 복잡해지고, 소프트웨어 볼륨도 커지면서 C 언어만으로는 전체 시스템을 구성하기 어려운 점이 있다. 따라서 보통 C 언어를 하위 제어 모듈에 사용하고, 상위 제어 모듈은 C++나 파이썬으로 설계하는 경우가 많다.

C++

C++는 1983년 비야네 스트로스트룹(Bjarne Stroustrup)이 C 언어에 객체지향 개념을 추가해 개발한 언어로, 현재까지도 로봇 소프트웨어 개발의 핵심 언어로 자리 잡고 있다. 특히 ROS 2는 코어 라이브러리와 많은 예제가 C++를 기반으로 하고 있으며 파이썬도 공식 지원해 복잡한 시스템 구조나 실시간 통신, 다중 스레드 동작 같은 고성능 처리에 적합하다.

C++의 가장 큰 강점은 실행 속도와 메모리 효율이다. 특히 클래스 기반의 '객체

지향 구조'를 활용해 대규모 프로젝트의 유지 보수가 비교적 손쉽다. 실제로 로봇의 내비게이션 패키지(Nav2), SLAM 기능, 모션 플래너(MoveIt) 등의 고성능 소프트웨어는 대부분 C++로 구현된다. 그러나 문법이 복잡하고, 메모리 누수나 포인터 오류 등에 주의가 필요한 만큼 초보자보다는 중급 이상 개발자에게 적합한 언어로 여겨진다. 로봇의 핵심 제어 알고리즘이나 센서 드라이버 작성에 가장 많이 사용된다.

객체지향이란 뭘까?

사물을 중심으로 생각하는 프로그래밍 방식, 이것이 객체지향이다. 사람은 현실 세계에서 자동차, 냉장고, 로봇처럼 무언가(객체)를 중심으로 세상을 이해한다. 객체지향 언어도 마찬가지로 프로그램을 짤 때 '행동할 수 있는 무언가(=객체)'를 먼저 만들고, 그것들이 서로 소통하도록 설계한다.

■ **절차지향 방식(순서대로 필요한 명령어를 나열)**

  시동을 켜라 → 기어를 넣어라 → 가속을 해라

■ **객체지향 방식**

  로봇 팔 : "움직여."라는 명령을 받으면 회전, 신전, 집기 등을 스스로 수행
  카메라 : "사진 찍어줘."라는 명령을 받으면 내부에서 렌즈 조절, 이미지 저장 등을 처리
  로봇 : 카메라, 로봇 팔, 바퀴 같은 객체들을 조합해서 한 시스템처럼 작동

각 부품(객체)은 자신만의 데이터가 있고, 스스로 행동할 수 있는 '주체'처럼 설계된다. 그렇다면 왜 객체지향이 중요할까? 로봇이 점점 복잡해질수록, 부품마다 역할과 책임을 명확히 나누는 구조가 필요하기 때문이다. 객체지향은 로봇의 몸을 부품 단위로, 지능을 행동 단위로 모듈화하는 방식이다. 파이썬, C++, 자바, C# 같은 주요 언어들이 객체지향을 지원하는 이유도 여기에 있다.

C#

C#은 마이크로소프트가 2000년대 초에 발표한 객체지향 프로그래밍 언어로, 주로

Windows 기반 응용 프로그램 개발에 사용된다. 최근에는 유니티(Unity) 엔진과 함께 로봇 시뮬레이션, VR/AR 환경, 3D 인터페이스 개발에 널리 활용되고 있다.

C#은 문법적으로 C++나 Java와 유사하지만, 상대적으로 에러 발생 가능성이 적고, GUI 구성이나 이벤트 기반의 프로그래밍이 쉽다는 장점이 있다. 따라서 로봇 개발에 있어 주로 시각화, 인터페이스, 사용자와의 상호작용(UI/UX) 부분에서 널리 활용된다.

자바(Java)

자바는 1990년대 중반 썬 마이크로시스템즈에서 개발한 객체지향 언어다. 다양한 운영체제에서 똑같게 실행되는 플랫폼 독립성을 바탕으로 웹 서비스, 앱 개발, 산업용 시스템에 널리 사용한다. 로봇 분야에서는 안드로이드 기반 로봇 앱이나 원격 제어 시스템, 일부 ROS와의 연동 브리지 구현에 활용한다. 특히 교육 로봇이나 모바일 기반 제어 시스템에서는 자바로 앱을 만들어 사용자 명령을 로봇에 전달하거나 로봇 상태를 실시간으로 모니터링하는 역할을 한다.

자바는 메모리 관리를 자동으로 처리하는 가비지 컬렉터(GC)를 내장한 덕분에 비교적 안정적인 코드 작성이 가능하다. 다만 실시간 제어에는 다소 불리할 수 있어 하드웨어 수준의 로직보다는 상위 서비스 계층에서 주로 활용한다.

MATLAB

MATLAB은 매스웍스(MathWorks)에서 개발한 과학/공학용 프로그래밍 언어이자 환경으로 로봇 제어 이론, 알고리즘 설계, 모델링, 시뮬레이션 분야에서 매우 널리 사용한다. 특히 로봇 매트릭스 연산, 경로 계획 알고리즘, 로봇 동역학 모델링 등에 강점을 지닌다.

Simulink와 연계해 제어 흐름을 시각적으로 설계하거나, ROS Toolbox를 이용해 ROS 노드를 직접 개발하고 테스트할 수도 있다. 하지만 상용 소프트웨어이기 때문에 비용이 발생하며, 로봇 개발 현장에서는 실제 시스템보다 이론 검증·시뮬레이션·연구용으로 많이 활용한다.

언어	통합개발도구(IDE)	입수 방법 및 특징
파이썬	VS Code, PyCharm	code.visualstudio.com
		PyCharm : jetbrains.com/pycharm
		pip, conda를 통해 패키지 설치 가능
C++	VS Code, CLion, Qt Creator	VS Code + GCC or MSVC
		CLion : CMake 기반 통합 개발 환경
		Linux : g++, cmake 설치로 CLI 코딩 가능
C	Arduino IDE, VS Code	Arduino : arduino.cc/en/software
		마이크로보드용으로 경량/최적화
		Platform IO로 확장 가능
C#	Unity Editor, Visual Studio VS Code	Unity : unity.com에서 엔진 및 에디터 다운로드, 로봇 시뮬레이션 · 3D 시각화 · 게임형 인터페이스 개발에 활용
		Visual Studio / VS Code : visualstudio.microsoft.com 및 code.visualstudio.com에서 제공. NET 기반 데스크톱 · 웹 · 서비스 애플리케이션 개발에 널리 사용
		C#은 Unity 내 스크립트 언어뿐 아니라, 로봇의 원격 제어 UI, 대시보드, 시뮬레이터, 상위 레벨 제어 서버 구현 등에 활용되며, 로 레벨 제어보다는 상위 애플리케이션 계층에서 주로 쓰인다는 특징이 있음
자바	IntelliJ IDEA, Eclipse	IntelliJ : jetbrains.com/idea
		Eclipse : eclipse.org
		Java JDK 설치 후 바로 사용 가능
MATLAB	MATLAB IDE	MathWorks 공식 사이트 : mathworks.com
		교육용 라이선스 존재, ROS Toolbox 등 확장 가능

제어 알고리즘

로봇 팔이 병을 잡거나 로봇이 장애물을 피하는 움직임은 모두 제어 알고리즘의 결과다. 이 알고리즘들은 소프트웨어적으로 구현되며, 로봇의 행동을 정밀하게 다듬는다. 로봇이 단순히 명령을 실행하는 것을 넘어서 정밀하고 유연하며 안전하게 움직일 수 있도록 만드는 소프트웨어가 제어 알고리즘이다. 몇 가지 대표적인 로봇 알고리즘을 아래에 제시한다.

① **PID 제어**: 가장 널리 쓰이는 방식으로, 위치·속도 제어에 사용
② **경로 계획 알고리즘**: A*, Dijkstra 등. 로봇이 장애물을 피하면서 목적지까지 이동하도록 함
③ **동작 계획**: MoveIt 같은 모션 플래닝 프레임워크를 통해 복잡한 팔 동작이나 협업 동작을 자동으로 생성

감각 AI 모듈

"휴지 좀 줘." 같은 간단한 말을 로봇이 알아듣고, 그에 맞는 행동을 하려면 시각과 음성언어를 통합적으로 이해하는 소프트웨어가 필요하다. 즉 AI 로봇이 환경을 이해하려면 센서 데이터(영상, 음성 등)를 해석하는 뇌가 있어야 한다. 이것이 감각 인식용 AI 소프트웨어 모듈이다. 아래에 몇 가지 사례를 제시한다.

① **시각**: OpenCV, YOLO, MediaPipe 등을 이용한 객체 감지·추적
② **음성**: Whisper, SpeechRecognition 모듈로 명령 인식
③ **언어**: 자연어 처리 모델(ChatGPT, Gemini 등)로 문맥 이해

데이터 로깅 및 저장

로봇이 수집한 데이터를 저장하고 분석하는 과정은 마치 자동차의 블랙박스 같다. 이러한 기록은 AI 학습이나 실험 반복에 필수적인데 로봇은 끊임없이 데이터를 수

집하고, 그 기록은 향후 성능 분석이나 학습 데이터로 활용되기 때문이다. 예를 들어 ROS 2의 rosbag2 패키지를 이용하면 센서 이동 데이터를 실시간으로 저장할 수 있다. 즉 내부적으로는 SQLite 기반의 rosbag2 포맷으로 기록하고, 필요에 따라 CSV·JSON 등으로 내보내 후처리·분석에 사용한다.

클라우드 연동 및 원격제어

로봇이 실시간으로 클라우드 서버와 연결돼 데이터를 주고받거나, 멀리 떨어진 곳에서 원격으로 조작되는 시대가 이미 열렸다. 로봇은 점점 더 네트워크를 통해 연결되는 존재가 되고 있다. 집 밖에서 앱으로 명령을 내리거나, 로봇이 클라우드 AI 서버와 연결되는 것이다. AWS RoboMaker, Azure IoT, NVIDIA Isaac 플랫폼(Isaac Sim, Isaac Lab 등 클라우드 배포 지원) 등이 대표적인 예이며, 최근에는 전 세계적으로 5G 기반 실시간 제어도 주목받는 연구 주제다.

하드웨어:
로봇의 물리적 실체

소프트웨어가 로봇의 영혼이라면, 하드웨어는 로봇의 몸에 해당한다. 소프트웨어가 복잡한 연산 처리와 이를 바탕으로 한 여러 판단과 제어를 처리한다지만, 결국 이 모든 일은 하드웨어에서 실행되는 것이다. 로봇을 물리적 실체로 구현하는 핵심 부품의 세계를 들여다보자.

소프트웨어 구동용 컴퓨터

소프트웨어를 실행하는 장치로 가장 추천하는 것은 노트북 PC다. AI 로봇을 만들고자 할 때, 대개 휴대용 PC를 사용한다. 모바일 로봇을 예로 들면, 모바일 플랫폼을 노트북에 올려 센서와 액추에이터를 탑재하는 것만으로 AI 로봇을 완성할 수 있다. 구체적인 장점을 나열하자면 아래와 같다.

① **비교적 저렴한 가격**:사양에 따른 가격 편차는 있지만, 중고등학교나 대학생들이 사용하는 노트북 PC만 있으면 로봇 제작을 시도할 수 있다.

② **마이크, 스피커, 카메라 탑재**:최근 대부분 노트북 PC에는 마이크, 스피커, 카메라가 있다. 따라서 AI 로봇에 필요한 최소한의 센서가 이미 탑재돼 있다고 볼 수 있다.

③ **풍부한 인터페이스**:노트북 PC는 인터페이스가 풍부하다. 다양한 USB 포트, LAN 포트, 오디오 포트, HDMI 포트 등이 이미 있다. 최근 센서는 USB 연결이 대부분 가능하다.

④ **디스플레이 탑재**:추후에 설명할 라즈베리 파이나 NVIDIA Jetson 등의 컴퓨터에는 디스플레이가 없으므로 소프트웨어를 개발하기 위해 별도의 디스플레이가 필요한데, 노트북 PC의 디스플레이는 소형 경량이면서 별도의 외부 전원 없이도 (자체 배터리로) 구

동할 수 있다.

⑤ **자체 전원 활용 가능**: 노트북 PC는 배터리가 내장돼 있으며 배터리만으로도 비교적 장
시간 구동할 수 있다. 또한 이 책에서 소개한 센서류는 USB 접속으로 전원까지 공급되
므로 전원을 별도로 준비할 필요가 없다.

⑥ **내장 GPU 활용 가능**: AI는 심층 학습을 자주 사용한다. 심층 학습을 사용해 실시간으로
정보를 처리하려면 GPU가 필요하다. 최근 출시되는 게이밍 노트북(또는 랩톱)은 대부분
GPU를 탑재하므로, 이를 심층 학습에 활용할 수 있다. GPU로는 대부분 NVIDIA 제품
이 활용되고 있다.

임베디드 보드

아두이노 계열

아두이노(Arduino)는 대표적인 오픈소스 마이크로컨트롤러 보드를 말한다. 로봇 제
어나 센서 실습 등에 널리 사용된다. 간단한 하드웨어 회로와 USB 케이블만으로도
작동하며, 전용 개발 환경(Arduino IDE)을 활용해 C/C++ 기반의 프로그램을 쉽게
작성하고 업로드할 수 있다는 점이 특징이다.

라즈베리 파이와 달리 일반적인 Arduino MCU 보드는 운영체제 없이 작동하는
마이크로컨트롤러 보드이기 때문에 (복잡한 프로토콜이나 통신, 소형 로봇 제어 등에도 활
용할 수는 있지만) 주로 모터나 LED, 초음파 센서, 버튼 입력 같은 단순 제어 작업에
적합하다. 교육용으로 많이 쓰는 모델은 Arduino Uno, Nano, Mega 등이 있으며,
입출력 핀의 수와 메모리 용량에 따라 용도가 달라진다.

ROS 노드를 직접 구동하는 주체로 활용하기보다 상위 컴퓨터(Raspberry Pi, Jetson
등)가 ROS를 실행하고, 아두이노는 하위에서 모터·센서 등을 제어하는 보드로 활
용하는 구조가 좀 더 일반적이다. 특히 아두이노는 전력 소모가 적고 가격이 저렴해
서, 입문자에게 가장 접근성이 좋은 임베디드 보드다.

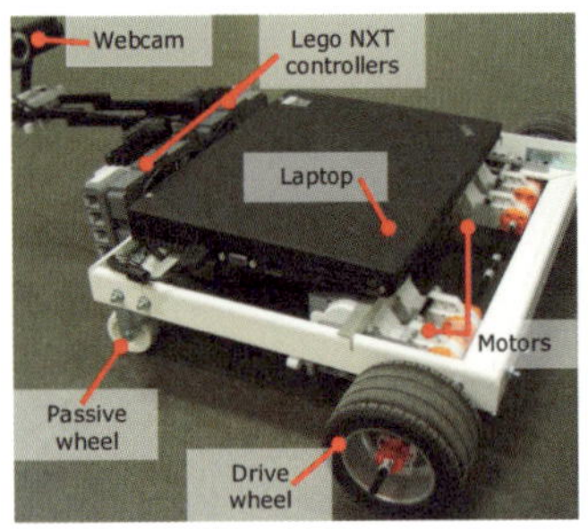

라즈베리 파이

노트북 PC 외의 선택지로 라즈베리 파이가 있다. 라즈베리 파이는 영국 라즈베리 파이 재단이 개발한 교육용 컴퓨터다. 작고 저렴하면서도 ROS에서 권장하는 Linux OS를 실행할 수 있다. 라즈베리 파이도 최근에는 성능이 향상되고, 메모리도 8GB를 탑재하고 있으므로, AI 분야를 다루지 않는다면 로봇 구동 측면에서는 성능이 충분하다. 다만 별도 전원, 디스플레이, 마이크, 스피커 등을 연결해야 한다. 참고로 교육용 모바일 로봇 TurtleBot 4는 라즈베리 파이 4B를 이용한다.

NVIDIA Jetson

Jetson은 엔비디아가 Edge AI·로봇을 위해 개발한 SoC 모듈·개발 키트 패밀리이며 심층 학습을 이용한 소프트웨어를 고속으로 처리할 수 있도록 GPU를 탑재하고 있다. NVIDIA Jetson은 Jetson Nano, Jetson TX2, Jetson Xavier NX, Jetson AGX Xavier, Jetson AGX Orin 등의 기종이 있다. Jetson Nano는 교육용으로 상대적으로 가격대가 저렴하며, 메모리는 2GB와 4GB 두 종류다. 2GB 모델은 메모리가 충분하지 않으므로 교육용/연구용으로 활용한다면 4GB 모델을 구매하길 추천한다. Jetson AGX Orin을 탑재한 로봇은 사람의 행동 인식, 객체 추적, 실시간 음성 응답 시스템을 온보드 하나에서 통합 실행할 수 있다. 보스턴 다이내믹스의 Spot도 이 같은 Edge AI 기반의 프로세싱 아키텍처를 도입하고 있다.

Jetson 계열은 ARM 기반이지만 우분투(Ubuntu, 리눅스 배포판 중 하나) 기반의 ROS 2가 원활히 설치되며, CUDA 및 TensorRT를 이용한 추론 가속을 할 수 있다. 반면 아두이노는 RTOS나 custom 펌웨어 기반으로 작동한다. 마이크로컨트롤러와 로봇 운영체제를 연결해 주는 도구 및 프레임워크인 rosserial이나 micro-ROS[14]를 통해 ROS 네트워크와 연동된다.

주요 보드별 ROS 2 연동 수준

보드	ROS 2 실행 가능 여부	추천 용도
Arduino Uno	직접 실행 불가	센서 제어, 신호 송신용
Raspberry Pi	가능(Ubuntu 기반)	소형 로봇 제어, ROS 2 실습용
Jetson Nano	가능 + AI 활용 가능	경량 AI 비전 · 추론용

로봇 소프트웨어 구동용 플랫폼

플랫폼	ROS 2 직접 실행	GPU 지원	이동성	전원 공급	센서 I/O	가격대	대표 용도 및 특징
노트북	O	O (게이밍 모델)	매우 우수	배터리 내장	USB 다양	중~고가	범용성 우수, 디스플레이 · 마이크 카메라 탑재
Raspberry Pi	O[15] (64bit Ubuntu)	X	매우 우수	외부 전원 필요	GPIO/ USB	저가	소형 로봇 제어용, 교육용 ROS 2 플랫폼
Jetson	O[16]	O (CUDA/ TensorRT)	중간(냉각 · 전원 설계 필요)	외부 전원 필요	GPIO/ USB	중~고가	AI 추론 최적화, 비전 기반 로봇 제어에 적합
Arduino	X (네이티브 실행은 불가, 브리지로 연동)[17]	X	매우 우수	외부 전원 또는 USB	디지털/ 아날로그 I/O	저가	센서 / 모터 제어, ROS 2와 micro-ROS 연동 가능

14   micro-ROS는 아두이노뿐 아니라 여러 마이크로컨트롤러를 지원하는 일반적인 프로젝트다.

15   64bit Ubuntu 20.04에서는 ROS 2 Galactic, 22.04에서는 ROS 2 Humble 사용을 권장

16   JetPack 기본은 Ubuntu 20.04 + Galactic/foxy, 별도 구성 시 22.04 + Humble도 가능

17   일반적인 ROS 2 노드는 실행할 수 없지만, rosserial/micro-ROS로 ROS 네트워크에 연결된다.

앞서 소개한 ROS 2 연동을 기준으로 각 보드의 수준을 비교하면 아래 표와 같다.
지금까지 살펴본 내용도 정리했다. 로봇 소프트웨어 구동용 플랫폼을 비교하고, 관
련 내용을 요약했다.

CUDA

엔비디아가 만든 GPU용 병렬 계산 플랫폼. 쉽게 말하면 그래픽카드를 단순히 화면 출
력이 아니라 AI 연산에도 사용할 수 있게 해주는 기술이다. 심층 학습은 엄청난 연산이
필요한데, GPU의 병렬 연산 능력을 활용하면 빠르게 처리할 수 있다. Jetson 같은 로봇
용 컴퓨터는 CUDA를 활용해 실시간 얼굴 인식, 객체 탐지 등을 처리한다.

TensorRT

엔비디아가 만든 AI 모델 추론 최적화 도구. 이미 학습된 AI 모델을 실제 로봇에 적용할
때, 속도와 효율을 높여주는 기술이다. 즉 CUDA가 'GPU를 쓰게 해주는 기술'이라면,
TensorRT는 'GPU를 더 빠르고 똑똑하게 쓰게 해주는 튜닝 도구'라고 생각하면 된다.
로봇이 실시간으로 사람을 따라가거나 물체를 분류할 때, TensorRT 덕분에 지연 없이
반응할 수 있다.

GPIO(General Purpose Input/Output)

컴퓨터가 간단한 전기신호를 주고받는 입출력 핀이다. 로봇이 버튼 누르기, LED 켜기,
센서 읽기 같은 간단한 물리적 제어를 할 수 있도록 해주는 통로다. 라즈베리 파이나
Jetson 같은 보드에는 이런 핀이 있어서 직접 센서를 연결할 수 있다. 예를 들어, 초음
파 센서를 연결해 앞에 물체가 있는지 확인하거나 모터를 제어할 때 GPIO를 사용한다.

micro-ROS(마이크로 ROS)

아두이노 같은 초소형 마이컴 보드에서도 ROS 2를 사용할 수 있게 만든 경량 버전.
ROS 2는 너무 무거워서 아두이노에서 직접 실행할 수 없는데, micro-ROS는 사용할
수 있다. 로봇 센서나 모터처럼 단순하지만, 꼭 필요한 부분을 제어하는 장치에 사용한
다. 아두이노에 micro-ROS를 탑재하면, ROS 2 기반의 로봇 시스템과 무선으로 명령
을 주고받을 수 있다.

센서

하드웨어는 인간의 몸에 해당한다. AI 로봇의 기능과 이를 실현하는 하드웨어를 계속 살펴보고 있다. 특히 센서 시스템의 경우, 10쪽에서 제시한 센서들과 비교해 보기 바란다. 군이 비교하자면 앞서 제시한 센서들은 회전 각도, 외부 요소와의 접촉력 등 실제 물리 변화량을 '직접 측정'하는 것들이 대부분이었다. 반면 아래 표에 정리한 센서들은 외부의 요소들을 '관찰 / 간접 측정'한다.

▶ 로봇에 활용되는 주요 센서들의 유형 및 기능

센서 유형	기능 구분	주요 기능	장점	한계점	가격대
마이크, 스피커	음성 대화용	음성 명령 입력 및 응답, 음성 인터페이스	저비용, 간단한 인터페이스 제공	주변 소음 민감, 정밀한 인식 어려움	저가
비전 센서(액티브/ 패시브), RGB/ 웹캠, RGB-D 카메라	시각 정보 인식용	물체 인식, 위치 추정, 장면 분석	고해상도 시각 정보 제공, 객체 분류 가능	조명과 가림 영향받음, 고연산량 필요	중가~고가
초음파 센서, LiDAR, 밀리미터파 레이더	거리 인식용	거리 측정, 공간 인식, 장애물 감지	넓은 거리 측정 범위, 정밀한 거리 측정 가능	반사율과 환경 조건 민감, 비용 상승 가능	중가~고가
접촉 센서, 힘 센서, 촉각 센서(분포압, 인쇄형 등)	환경과의 상호작용	물리적 접촉 감지, 조작력 피드백, 표면 질감 인식	HRI 안전성 강화, 섬세한 조작 가능	설치 복잡, 정밀 보정 필요, 높은 비용	중가~고가
가속도 센서, 자이로 센서, IMU	움직임 상태 인식	자세 추정, 회전 / 가속도 측정	실시간 반응성, 소형화, 저비용 구현 가능	드리프트 누적, 장기 오차 발생 가능	저가~중가
칼만 필터, EKF, SLAM 등 소프트웨어 기반 융합 기법	센서 융합	복수 센서 정보 통합, 정확도 향상	개별 센서 한계 보완, 예측 안정성 증가	복잡한 알고리즘 설계 필요, 계산 자원 소모 큼	소프트웨어 기반 (비용은 시스템 규모에 따라 다름)

로봇이 환경을 인지하고 정밀한 동작을 수행하려면 정확한 위치(position)와 자세(orientation) 정보를 실시간으로 획득해야 한다. 이를 위해 다양한 센서 시스템이 활용되며, 각 센서는 고유한 장점과 한계가 있다. 여기서는 이 같은 센서 시스템을 기능별로 구분해 정리하고, 최근 센서 융합 기술과 대규모 로봇 인공지능 시스템에서 활용하는 사례를 포함해 기술 트렌드를 소개하고자 한다.

센서의 작동 방식 – 능동형 대 수동형

센서는 작동 방식에 따라 크게 능동형(active) 센서와 수동형(passive) 센서로 나눌 수 있다. 능동형 센서는 스스로 빛, 전파, 소리 등 에너지를 방출하고, 그 반사나 반응을 분석해 정보를 얻는다.(라이다, 초음파 센서, 밀리미터파 레이더 등) 그에 반해 수동형 센서는 자연적으로 들어오는 신호만 수용해 분석한다.(카메라, 열화상 카메라, 온도 센서, 마이크 등)

두 유형은 환경이나 용도에 따라 선택된다. 조명이 일정하지 않은 공간에서는 능동형 방식이 안정적일 수 있으며, 반대로 에너지 절약과 정보 순수성이 필요한 상황에서는 수동형 센서가 유리하다.

음성 대화용 센서

산업용 로봇과 달리 AI 로봇은 인간과 음성으로 대화하는 능력이 필요하다. 음성 대화를 하려면 사람의 귀에 해당하는 마이크와 성대에 해당하는 스피커를 탑재해야 한다.

1 마이크

마이크는 노트북, 웹캠 등 다양한 기기에 내장돼 있다. 조용한 환경에서 마이크에 가깝게 말할 수 있다면 이러한 내장 마이크로도 충분하다. 하지만 시끄러운 환경에서는 주변 소음이 많이 섞여 들어간다. 소음이 클수록 수음 기능이 떨어지므로, 이런 환경에서는 지향성이 높은 건(gun) 마이크를 사용하는 것을 추천한다.

로봇 분야에서도 마이크 선택은 중요한 문제다. 국제로봇공학 대회인 로보컵(RoboCup)에 참가하는 팀 중에는 지향성이 높은 건 마이크를 사용하는 팀과 음원의 위치를 파악할 수 있는 마이크로폰 어레이를 사용하는 팀이 많다.

2 스피커

스피커 역시 노트북을 비롯해 다양한 기기에 내장돼 있다. 집과 같이 조용한 환경이라면 노트북 내장 스피커로도 충분하다. 하지만 로봇 대회처럼 시끄러운 환경에서는 소리가 잘 들리지 않는다. 이런 환경에서는 20W 이상의 앰프를 갖춘 외부 스피커를 사용하는 것이 좋다.

시각 정보 인식용 센서

주변 환경을 정확히 인식하고 복잡한 작업을 수행하려면 시각 정보 인식용 센서가 필수다. 센서는 로봇이 사물의 형태·색상·움직임 등을 파악해 장애물을 회피하고, 목표물을 식별하며, 정밀한 조작을 가능하게 해준다.

1 비전 센서와 화상 처리 기술

로봇이 비접촉 방식으로 물체의 형상과 위치를 인식하려고 사용하는 대표적인 센서가 바로 비전 센서다. 비전 센서는 렌즈에 의해 맺힌 상을 화소(pixel)로 구성된 매트릭스 형태로 받아들이고, 이를 전기신호로 변환한 뒤에 영상 처리 알고리즘을 이용해 의미 있는 정보로 해석한다.

영상 처리 과정에서는 다양한 특징 추출 기법이 사용된다. 이미지의 윤곽선이나 경계를 찾기 위한 디지털화, 이진화, 허프(Hough) 변환 기반의 직선 검출 알고리즘 등이다. 이렇게 추출된 특징은 사전에 기억된 패턴(마스터 이미지)과 패턴 매칭을 비교하며, 이를 통해 물체의 종류·위치·자세 등을 판단한다.

비전 센서 기반 기술은 이미 다양한 산업 현장에서 이용하고 있다. 예를 들어 자동차 조립 공정에서는 로봇 팔이 유리를 창틀에 정확히 끼워넣기 위해, 화상 처리 모듈이 창틀의 위치와 기울기를 실시간으로 분석한다. 액체 주입 공정에서는 로봇이 냉각수나 오일을 주입하려고 주입구 위치를 화상 인식으로 찾아낸다. 복잡한 형태를 띤 주조 부품(예를 들어 크랭크샤프트)을 대량의 더미 속에서 하나만 집어 올리는 작업에도 비전 시스템이 사용된다.

또한 비전 기술은 검사 자동화에도 폭넓게 활용한다. 사람이 맨눈으로 불량품을 찾던 시대와 달리, 현재는 화상 비교 기반의 자동 검사 시스템을 적용해 효율성과 정확도를 크게 올렸다. 이 방식에서는 기준이 되는 양품의 화상을 '마스터 화상'으로 등록하고, 검사 대상과의 차이를 화소 단위로 비교해 허용 범위를 벗어나면 불량으로 분류한다. 이는 특히 복잡하고 유사한 부품이 많은 전자기판 검사에서 탁월한 성능을 발휘한다.

하지만 화상 처리는 조명 조건에 민감하다는 단점도 있다. 영상은 화소의 명암을 기준으로 이진화하는 경우가 많은데, 조명이 달라지면 명암 대비가 바뀌기 때문이다. 이는 인식 결과에도 영향을 미친다. 같은 조명 아래에서도 물체의 방향이나 각도가 달라지면 윤곽이 다르게 보일 수 있어서 일정한 환경에서는 효과적이지만, 일반 가정 같은 비정형 공간에서는 여전히 난관이 많다.

■2 비전 센서의 구조와 확장

카메라는 로봇에 있어서 대표적인 비전 센서이자 하드웨어다. 최근에는 색상 정보만 인식하는 일반 RGB 카메라뿐 아니라, 거리 정보까지 함께 획득할 수 있는 RGB-D 센서가 널리 사용된다. RGB-D 센서는 픽셀마다 깊이 값을 제공해서, 로봇이 3차원 공간에서 물체의 위치와 크기를 정밀하게 파악할 수 있게 해준다. 이외에도 거리 측정을 위한 센서로는 라이다, 초음파 센서, 밀리미터파 레이더 등이 있다. 이들은 카메라와 결합해 센서 퓨전 형태로 종종 사용된다. 예컨대 카메라는 텍스처와 색상 정보를, 라이다는 거리와 형상을, 초음파 센서는 근거리 물체의 존재 유무를 빠르게 감지한다.

3 카메라

카메라는 렌즈를 거쳐 영상 소자에 입력된 빛을 전기신호로 변환하는 패시브 센서이므로 날씨나 조명 등의 영향을 강하게 받는다. 따라서 카메라를 옥외 환경에서 안정적으로 사용하는 데는 한계가 있다. 그러나 시각 정보는 인간에게 가장 직관적인 감각 중 하나이듯, 로봇이 주변 환경을 시각적으로 탐색하는 데 쓰는 가장 유용하고 친숙한 감지 수단이다.

로봇은 일반적인 카메라뿐 아니라 특수한 폼팩터의 다양한 카메라를 활용할 수 있다. 예를 들어 PTZ(팬-틸트-줌) 카메라는 카메라 렌즈의 방향과 줌을 기계적으로 조절할 수 있어서, 관심 있는 지점을 자유롭게 바라보거나 특정 영역을 확대해 볼 수 있다. 이는 로봇이 다양한 방향을 스캔하며 자율적으로 환경을 인식하거나 감시하는 데 매우 유용하다. Spot과 같은 고성능 로봇은 이 시각 기술을 활용해 360도 환경 시야를 확보하며, 원격 조작 시에 인간에게도 높은 신뢰를 제공한다.

카메라는 구조적으로 단안 카메라(1대)와 스테레오 카메라[18]로 나뉜다. 단안 카메라는 가장 많이 사용되는 형태로, 로보컵 같은 대회에서는 저렴한 웹캠이 자주 사용된다. 반면, 스테레오 카메라는 두 카메라 간의 시차(parallax)를 분석해 깊이 정보까지 함께 파악할 수 있다는 장점이 있다. 이는 인간의 두 눈이 각각 다른 위치에서 물체를 관찰해 거리감을 파악하는 원리와 같다.

---

18 스테레오 카메라에 대한 다양한 제품 정보는 rosindustrial.org/3d-camera-survey에서 확인할 수 있다.

출처 : 한국원자력연구원

① 웹캠

반도체 제조 기술의 고도화와 대량생산 덕분에 현재 디지털카메라는 매우 일반적인 제품이 됐으며, 이제는 일상생활에서 머무는 장소 거의 모든 곳에 카메라가 설치돼 있다고 생각해도 무방할 정도다.

로봇의 비전 시스템을 개발할 경우에도 개발 컴퓨터에 카메라를 연결하는 것이 일반적이다. 노트북 PC 대부분은 웹캠이 내장돼 있고, 없는 경우에도 USB로 연결해 사용할 수 있는 저렴한 가격의 웹캠을 쉽게 구할 수 있기 때문이다. 현재 일반적인 웹캠은 FHD(1920×1080 픽셀) 해상도의 정지 영상이나 동영상을 촬영할 수 있다.

컬러 카메라 대부분은 CCD 또는 CMOS 이미지 센서의 각 픽셀을 컬러 필터로 덮는다. 이 필터는 일반적으로 빨강, 초록, 파랑이라는 세 가지 색상(RGB)으로 구성되며, 베이어 필터 배열이라고 불리는 패턴으로 배치된다. 이 배열을 통해 각 픽셀에서 특정 색상의 정보를 받아들여, 최종적으로 모든 픽셀이 RGB의 세 가지 색상 값을 가지는 이미지 데이터를 생성한다. 고성능 카메라라면, 트리플 센서 구조를 갖추고 RGB 각각을 위한 독립 센서를 사용한다.

또한 로봇이 더욱 다양한 환경을 정밀하게 인식하려면 기존 카메라 시스템에 더해 다른 센서를 보완적으로 결합하는 것이 중요하다. 예를 들어 3D 카메라와 라이다를 함께 사용하면 가까운 거리에서 물체를 감지하는 일의 정확도를 높일 수 있다. 특히 로봇 주변의 복잡한 구조물을 정밀하게 검사하거나, 사람이나 장애물이 근접한 상황에서 공간 인식 능력을 강화하는 데 효과적이다.

예를 들어 Spot과 같은 로봇 플랫폼에 기본 탑재된 회색조 기반의 카메라 대신 고해상도 컬러 카메라를 추가 장착하면 다음과 같은 장점이 있다. 첫째, 여러 관심 지점의 상세 촬영이 가능해서 검사 품질을 올릴 수 있다. 둘째, 색상 구분이 필요한 상황에서 회색조만으로는 정보를 충분히 얻기 어려운데 이 같은 단점을 극복할 수 있다. 콘크리트 표면에서 황색 또는 녹색을 띠는 광물 누출 징후를 식별하는 작업에는 컬러 카메라가 유용하다. 이처럼 색상의 명확한 구분이 요구되는 환경에서는 컬러 카메라가 필수다.

더 나아가, 인간의 눈으로 볼 수 없는 영역을 탐지하기 위해서는 적외선(IR) 카메

▶ 로봇 Spot에 열화상 카메라를 적용한 사례 ───────────────────

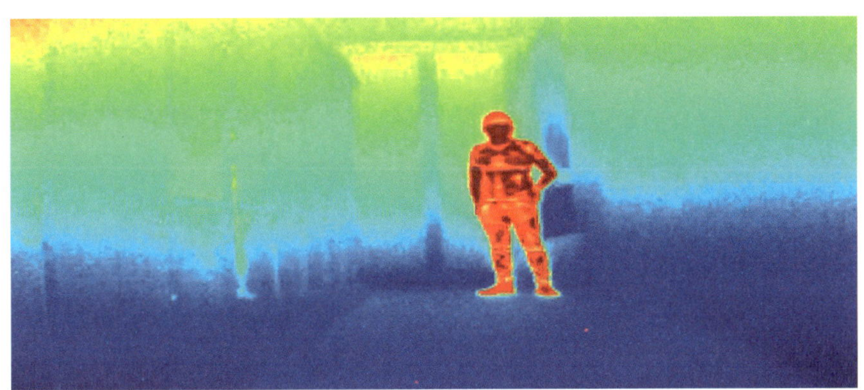

출처:dti.dk/services/sensor-tower-opens-new-options-with-the-spot-robot/42554

라나 열화상 카메라를 사용한다. 적외선 카메라는 특정 파장대의 반응을 이용한 분석에 활용되는데, 식물 잎의 반사를 감지해 생육 상태를 진단하는 일이 그 예다. 반면 열화상 카메라는 주변 환경의 조명 상태와 관계없이 물체의 온도 분포를 시각화할 수 있어서, 구조 활동 중 인명 탐지 같은 일에도 유용하다. 예컨대 폐허에서 인체의 체열을 주변 온도와 대비해 감지할 수 있다.

이처럼 센서를 다양하게 조합하면(Sensor Fusion) 환경 조건과 임무의 특성에 따라 선택적으로 활용해서 종합적이고 신뢰도 높은 인식 결과를 도출할 수 있다. 시각 기반 센서 시스템은 로봇의 자율성과 작업 정밀도를 높이는 핵심 구성 요소다. 각 센서의 특성과 한계를 이해하고 적절히 결합하는 전략이 필수적이다.

113쪽 사진을 보자. 서모그래피(thermography, 열화상)를 사용하면 맨눈으로 볼 수 없는 것(예를 들어 열을 발생시키는 벽의 전선)을 감지할 수도 있다. 인간의 눈은 가시광선, 즉 약 400~700nm 파장의 빛만 감지할 수 있지만, 열화상 카메라는 9,000~14,000nm 범위의 파장에 민감하게 반응한다. 따라서 열화상 카메라로 벽 속의 전선처럼 열을 내지만 눈에 보이지 않는 물체를 감지하거나, 구조물의 온도 이상 현상을 비파괴 방식으로 탐지할 수 있다.

② RGB-D 카메라

일반 컬러 카메라 외에도 RGB-D 카메라(깊이 카메라)가 로봇 분야에서 활발하게 사용되고 있다. RGB-D 카메라는 컬러(빨간색, 녹색, 파란색) 카메라에 깊이 센서를 더한 것으로, 깊이 및 거리의 2차원 분포 데이터(심도 이미지, 거리 이미지)를 제공한다. 대표적인 제품으로는 Microsoft Azure Kinect 및 Intel의 RealSense가 있다.

RGB-D 카메라는 컬러 이미지뿐만 아니라 각 픽셀의 거리 정보도 함께 획득할 수 있는 센서다. 여기서 RGB는 빛의 3원색인 Red, Green, Blue이며 D는 Depth(깊이 또는 거리)를 의미한다.

RGB-D 카메라에서 얻은 거리 이미지(또는 깊이 이미지)의 각 픽셀은 센서에서 물체까지의 거리를 나타낸다. 일반적으로 가까운 거리는 파란색, 먼 거리는 빨간색으로 표현해서 시각화한다. 심도를 측정하는 방식은 다음과 같이 세 가지로 나뉜다.

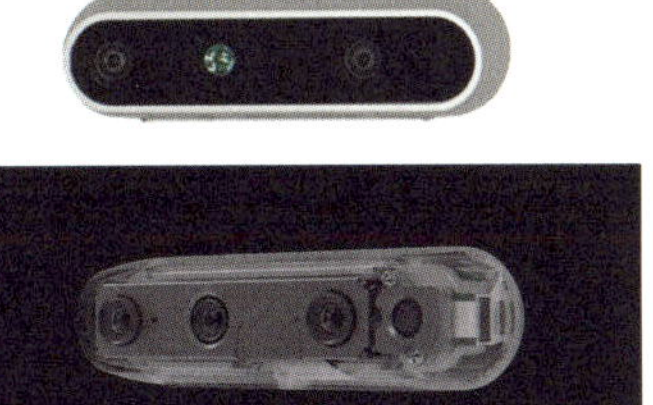

Microsoft Azure Kinect(왼쪽) 및 Intel RealSense D435(오른쪽)

① **스테레오 방식**: 두 카메라 사이의 시차를 이용한 거리 계산

② **ToF(Time of Flight) 방식**: 적외선을 발사하고 반사돼 돌아오는 시간을 측정

③ **구조화 조명 방식**: 특정 패턴의 빛을 물체에 비추고 왜곡을 분석해 거리 계산

이러한 센서는 로봇이 물체를 잡을 때 위치와 깊이를 동시에 파악해야 하는 작업에 필수적이다. 다만 RGB 이미지와 Depth 이미지의 카메라 위치, 화소 수, 화각 등

인텔 리얼센스 스테레오 카메라를 이용한 로봇 실험

출처: 한국원자력연구원

출처:한국원자력연구원

이 완전히 일치하지 않을 수 있으므로, 두 데이터를 정렬하고 대응시키는 캘리브레이션 및 정합(registration) 과정이 필요하다. 최근에는 이러한 정합 처리가 자동으로 이뤄지며, 화소 위치가 같은 3D 점을 나타내도록 보정된 RGB-D 데이터가 제공되기도 한다.

거리 인식용 센서

거리 인식에 쓰는 센서로는 초음파 센서, 라이다, 밀리미터파 레이더 등이 있다.

1 초음파 센서

송신부에서 보낸 초음파가 물체에 부딪혀 수신부로 되돌아오기까지의 시간을 계측해 거리를 측정하는 능동형 센서다. 검출 거리는 짧고(수 m~10m 정도), 각도 분해능은 낮으며(15도 정도), 거리 정밀도도 그다지 높지 않지만(수 cm 오차 수준), 유리 같은 투명 물체에도 사용할 수 있으며, 약간의 먼지에도 강하기 때문에 지금도 이동 로봇 개발에 중요한 센서다. 다만 소리를 흡수한 부드러운 천이나 거품을 검출할 수 없다는 단점이 있다.

2 라이다

레이저를 이용해 주변 환경의 거리와 방위를 측정하는 능동형 센서다. 카메라와 같은 수동형 센서가 외부 광원에 의존하는 반면, 라이다는 자체적으로 근적외선 펄스를 방사하고 물체에 반사돼 돌아오는 신호를 감지해 거리를 계산한다. 레이저 속도가 일정하다는 점을 이용해, 펄스가 발사돼 다시 돌아오기까지의 시간을 측정해서 물체까지의 거리를 고정밀로 파악할 수 있다.

라이다는 주로 빛의 위상차나 비행시간(ToF)을 이용해 거리를 계산하며, 0.25~1mm 수준의 각도 분해능, 수 mm~수 cm 수준의 거리 정밀도, 수 m에서 수백 m까지의 검출 거리를 제공한다. 이는 초음파 센서보다 정밀도가 훨씬 높으며, 2D 라이다는 수평면상의 거리·방위를, 3D 라이다는 수직 방향까지 포함한 3차원 공간의 지형 데이터를 획득한다.

라이다의 가장 큰 장점은 야간이나 조도가 낮은 환경에서도 작동한다는 점이다. 외부 광원에 의존하지 않기 때문에, 자율주행 자동차나 실외 자율이동 로봇 등에 핵심 센서로 사용된다. 다만 강한 비나 눈에는 오차가 발생할 수 있으며, 빛을 흡수하거나 굴절시키는 표면은 감지가 어려울 수 있다.

최근에는 많은 로봇 기업이 다양한 플랫폼에서 라이다를 핵심 내비게이션 수단으로 채택하고 있으며 SLAM, 장애물 감지, 경로 계획 등에 활용한다. 특히 넓은 지역 측정 범위가 필요한 대형 차량이나 산업용 로봇에는 고정밀 3D 라이다가 필수적인 요소로 자리 잡고 있다.

성능 향상과 더불어 가격도 빠르게 하락하고 있어, 라이다는 앞으로 더 다양한 로봇에 탑재될 것으로 예상된다. 현재로서도 자율이동 로봇에서 가장 필수적인 거리 인식용 센서다.

3 밀리미터파 레이더

송신부에서 보낸 전파가 수신부로 돌아오기까지의 시간을 계측해 거리와 방위를 측정하는 능동형 센서다. 차량에는 밀리미터파 레이더도 자주 사용되고 있다. 라이다에 비해 각도 분해능(4도 정도)은 높지 않지만, 저렴하고 장거리(100m 이상) 계측도

가능하다. 이 센서도 자율주행 자동차에 사용되기 때문에 고성능화가 급속히 진행돼 각도 분해능이 높아졌으며 시야각도 수직 방향으로 펼쳐져 있다. 앞으로 자율이동 로봇에도 자주 사용하는 센서가 될 것이다.

초음파 센서와 밀리미터파 레이더

일반적인 초음파 센서 구성(왼쪽), 덴소가 제작한 24GHz 대역의 서브 밀리미터파 레이더(오른쪽)

밀리미터파 레이더·LiDAR 센서 성능 비교

구분	밀리미터파 레이더	LiDAR
작동 원리	전자기파(밀리미터파)를 이용한 거리 / 속도 측정	레이저 펄스를 이용한 거리 측정
주파수 / 파장	30GHz~300GHz(파장 : 1mm ~ 10mm)	900nm~1550nm(가시광선 또는 근적외선)
해상도	낮음	매우 높음
감지 거리	중~장거리 감지(최대 수백 m)	주로 단~중거리(최대 약 200m)
속도 측정	도플러 효과로 정밀하게 속도 측정 가능	불가능(거리만 측정)
기상 조건 대응력	악천후(비, 안개, 눈 등)에서 성능 유지	악천후에서 성능 저하
3D 환경 인식	2D 또는 저해상도의 3D 인식 가능	고해상도의 3D 포인트 클라우드 생성
응용 분야	자율주행차, 로봇의 속도 측정, 충돌 방지	자율주행차, 로봇의 정밀 환경 인식 및 매핑
가격	상대적으로 저렴	상대적으로 고가

▶ 초음파 센서·LiDAR 센서·밀리미터파 레이더 성능 비교

구분	검출 거리	각도 분해능	정밀도	시야각	가격
초음파 센서	△	×	×	○	○
LiDAR	○	◎	◎	○	×
밀리미터파 레이더	○	○	○	○	◎

◎:매우 우수, ○:우수, △:보통, ×:나쁨

환경과 상호작용하는 센서

로봇이 안전하고 정교하게 임무를 수행하려면 접촉·힘·촉각 센서 등이 필수다. 이 센서들은 로봇이 물체를 감지하고, 적절한 힘으로 다루며, 예상치 못한 충돌을 피하도록 한다. 모두가 섬세한 상호작용을 가능하게 하는 역할을 한다. 결국 이 센서들은 로봇이 현실 세계를 정확히 인지하고 효과적으로 반응하도록 돕는다.

1 접촉 센서

로봇이 물체에 처음 닿는 순간을 정확하게 감지하는 일은 단순해 보이지만, 실제 조작의 안정성과 안전성을 결정짓는 매우 중요한 요소다. 접촉 센서(Contact Detection Sensors)는 이러한 '닿음의 순간'을 빠르면서도 확실하게 감지하려고 사용한다. 과거에는 기계식 스위치나 위스커 같은 단순 접촉 방식이 일반적이었지만, 내구성과 정밀도 문제로 인해 현대 로봇에는 거의 쓰지 않는다.

최근의 접촉 센서는 압력 기반 단일 셀 구조를 채택해 표면 전체의 민감도가 일정 수준 이상이다. 얇은 압저항 필름이나 정전용량 방식으로 작동하는 이 센서들은 외부의 작은 힘에도 반응하며, 협동 로봇의 안전 스킨이나 충돌 감지, 간단한 온·오프 접촉 판단과 같은 기능에 널리 활용되고 있다. 이런 센서들은 복잡한 촉각 센서에 비해 단순하지만, 로봇이 '어떤 상호작용이 시작됐는가'를 판단하는 기본 단계에서는 여전히 가장 빠르고 효율적이다.

힘 – 토크 센서는 '얼마나 힘을 가하고 있는지'를 로봇에 정량적으로 알려주는 장치로, 촉각 센서 중에서도 가장 기초적이면서 중요한 역할을 한다. 로봇이 달걀을 깨뜨리지 않고 집을 수 있는지, 사람의 손을 다치게 하지 않고 도울 수 있는지, 보조 기구나 공구를 안전하게 다룰 수 있는지는 모두 이 센서의 정밀도에 달려 있다.

대부분의 힘 – 토크 센서는 스트레인 게이지(strain gauge) 기반으로 제작된다. 금속 구조물이 아주 미세하게 변형될 때 발생하는 저항 변화를 정밀하게 읽어 힘과 토크를 계산하는 방식이다. 오늘날 협동 로봇, 의료·재활 로봇, 원격 조작 로봇뿐 아니라 연구용 로봇에서도 거의 표준으로 사용된다. 특히 3축 힘과 3축 토크를 한 번에 측정하는 6축 센서는 정교한 조립 작업과 고난도 상호작용에서 필수 요소다.

최근에는 두 가지 흐름이 두드러진다. 첫째는 센서의 소형화와 내구성 향상이다. 로봇 손가락 끝에 직접 장착할 수 있을 정도로 작은 F / T 센서들이 등장하면서, 손 끝에서 발생하는 힘 변화까지 실시간으로 측정할 수 있게 됐다. 둘째는 센서 없는 힘 추정(Force Estimation) 기술이다. 별도의 하드웨어 없이 로봇의 관절 전류·속도·위치 정보만으로 접촉력을 계산하는 방식으로, 유지 보수 비용이 낮고 활용 범위가 넓어 점점 보급되고 있다. 이러한 변화는 로봇이 더 섬세하게, 더 부드럽게 작업할

▶ 힘 센서의 구조

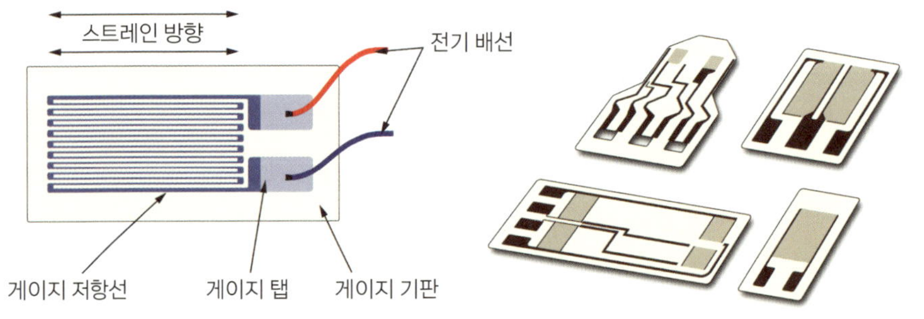

출처:코스테크 홈페이지

수 있게 해주는 중요한 기술적 진전이다.

3 촉각 센서

로봇이 물체를 '만져서 느끼는' 능력은 오랫동안 로봇공학의 난제로 여겨져 왔다. 촉각 센서(Tactile / Haptic Sensors)는 단순히 접촉 여부나 힘의 크기를 넘어 압력 분포, 전단력(미끄러짐), 질감, 표면 형상, 재질 특성 등 사람의 손끝이 느끼는 풍부한 감각을 로봇에 제공한다. 최근에는 Tactile Sensor와 Haptic Sensor라는 용어가 사실상 같은 의미로 사용되며, 광학 기술·재료 기술·신경 모사 기술의 발전과 함께 폭발적인 혁신이 이뤄지고 있다.

① 압력 기반 촉각

압력 기반 촉각(Pressure-based Tactile Sensing) 센서는 가장 널리 사용되는 전통적이면서도 실용적인 촉각 센서다. 여러 개의 압력 센서가 배열된 tactile array는 로봇 손가락 전체의 압력 분포를 지도처럼 표시할 수 있어, 물체를 안정적으로 쥐거나 놓는 순간을 정밀하게 제어할 수 있다.

최근에는 인쇄형 기술이 크게 발전해, 전도성 잉크로 전극을 직접 그리는 방식이 주류로 떠오르고 있다. 이 방식은 크로스토크를 줄이고 해상도를 높이면서도 얇고 유연하게 제작할 수 있어, 작은 로봇 손가락이나 복잡한 곡면에도 쉽게 적용된다. 특히 물류 로봇, 협동 로봇, 소형 휴머노이드 로봇에 적합한 고밀도 압력 센서들이 많이 등장하면서, 압력 기반 촉각은 여전히 로봇 촉각 기술의 중심축을 담당하고 있다.

② 광학 촉각

광학 촉각(Optical Tactile Sensing)은 2025년에 가장 혁신적인 촉각 기술로 주목받고 있다. 최근 가장 빠르게 성장하는 분야로, 촉각 센서의 개념 자체를 다시 정의하고 있다. 이 기술은 카메라를 촉각 센서 내부에 배치하고, 젤이나 탄성체가 변형되는 모습을 촬영해 접촉 정보를 계산한다. MIT의 GelSight, Meta의 DIGIT, BRL의

TacTip이 대표적인 예이다.

　광학 촉각의 가장 큰 강점은 단순 압력뿐 아니라 미세한 표면 형상, 전단력, 미끄러짐, 질감까지 고해상도로 재현할 수 있다는 점이다. 사람의 손끝처럼 표면을 스치면서 물체의 특성을 파악하는 작업도 수행할 수 있다. 케이블 연결, 정밀 조립, 섬유나 천 처리처럼 기존 센서로는 어려웠던 작업을 로봇이 수행할 수 있게 됐으며, 최근 많은 연구에서 광학 촉각은 고난도 조작의 핵심 요소로 자리 잡고 있다.

③ 전단·슬립 감지

　물체를 잡는 과정에서 가장 중요한 감각 중 하나는 바로 '미끄러짐 감지'(Shear & Slip Sensing)다. 사람이 물건을 잡을 때 손끝에서 전해지는 미세한 전단력 정보를 이용해 잡는 힘을 즉각적으로 조절하는 것처럼, 로봇도 이러한 감각이 필요하다. 최신 촉각 기술에서는 압력 기반 센서뿐 아니라 광학 촉각에서 제공하는 전단 변형 패턴을 이용해 슬립을 정확하게 감지하고, 로봇의 그립을 실시간으로 조절할 수 있다.

　이 기술은 과거 단순한 진동 감지 수준이었지만, 이제는 전단력의 크기와 방향을 정량적으로 측정할 수 있을 정도로 발전했다. 덕분에 로봇은 물체를 떨어뜨리기 전

▶ 분포압 센서의 작동 모습 ──────────────────────────

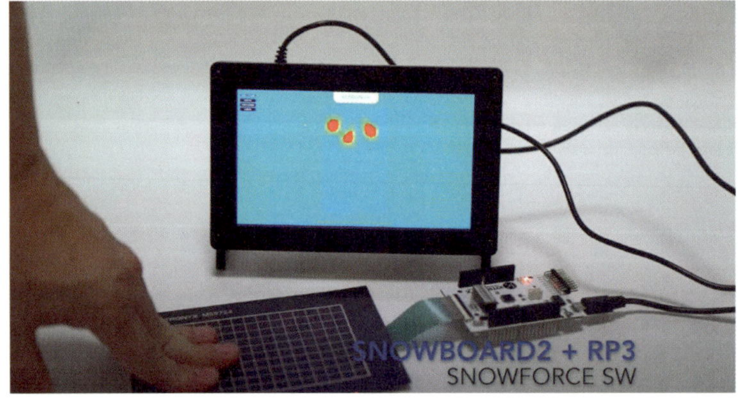

출처 : youtube.com/watch?v=DwjK-hc-4KM

에 미끄러짐을 '예측'하고, 마찰 상황에 따라 힘을 미세하게 조절하는 능력을 갖추게 됐다.

④ 전자 피부

전자 피부(Electronic Skin, e-skin)는 인간의 피부처럼 유연하고 넓은 면적에 부착될 수 있는 촉각 센서로, 휴머노이드 로봇의 등장과 함께 빠르게 발전하고 있다. e-skin은 압력뿐 아니라 온도, 진동, 전단력까지 동시에 감지할 수 있으며, 신축성 소재를 사용해 팔·몸통·손가락 등 로봇의 거의 모든 부위에 적용할 수 있다.

이 기술은 작업자와 로봇이 물리적으로 함께 일하는 협동 환경에서 큰 주목을 받고 있다. 로봇의 팔 전체가 촉각 장치로서 충돌을 즉시 감지하고 부드럽게 반응하는 시스템들이 이미 상용화 단계에 들어섰다. 미래의 휴머노이드 로봇에서는 e-skin이 사람 피부의 역할을 사실상 대체할 것으로 예상된다.

⑤ 멀티모달 촉각

가장 진보한 형태의 촉각 센서는 압력·전단·온도·진동·재질 정보를 동시에 감지하는 멀티모달(Multimodal Tactile Sensing) 구조다. SynTouch의 BioTac 센서는 이를 대표하는 예로, 인간 손끝의 감각 수용체를 모사해 물체의 표면 질감이나 미세한 진동까지 정밀하게 분석할 수 있다. 최근에는 광학 촉각, e-skin, F/T 센서를 하나의 통합 구조로 사용하는 연구도 활발해, 로봇이 '촉각적 상식'을 갖추는 단계로 발전하고 있다.

이 모든 기술은 단순히 '촉각을 구현'하는 것이 아니라, 로봇이 세밀하고 안전하게 물체를 다루는 능력, 즉 인간의 손이 지닌 정교한 조작 능력을 획득하기 위한 핵심 기반들이다. 2025년 현재 촉각 센서는 로봇 조작 기술 중에서 가장 중요한 혁신 분야 중 하나이며, 향후 휴머노이드, 원자력 원격 조작, 의료 로봇 분야에서도 중요성이 더욱 커질 것이다.

로봇 자신의 현재 '움직임' 알기

인간은 시시각각 자신의 위치와 움직임을 파악한다. 로봇도 마찬가지다. 기울기나 가속도 변화를 실시간으로 모니터링하고 제어하는 과정이 없다면, 로봇은 올바른 동작을 할 수 없다. 로봇이 자신의 현재 움직임을 파악하는 데는 가속도 센서, 자기 센서, IMU 센서 등이 필요하다.

1 가속도 센서

가속도 센서(G-Sensor)의 원리는 추에 작용하는 관성력을 변형 게이지로 검출하고, 그 추에 가해진 가속도 G와 반대 방향으로 로봇이 가속되는 것을 검출하는 것이다. 외력에 의한 가속도를 검출하는 용도 외에 기울기 각 센서(Rate Sensor)에서는 각속도를 적분할 때 보정에 쓸 중력 방향(연직 방향)을 알 필요가 있는데, 그것을 검지할 때 사용한다. 반도체의 미세 가공 기술을 사용해서 점점 소형화되는 추세다.

가속도 센서는 일반적으로 내부에 질량체(Proof Mass)와 이를 지지하는 스프링 구조가 있다. 따라서 물체가 가속되면 질량체가 이동하며, 이 이동을 감지해서 가속도를 측정한다. 이러한 측정 방식은 뉴턴의 운동 법칙($F=ma$)과 후크의 법칙($F=kx$)을 기반으로 한다.

⏵ 가속도 센서의 일반적인 측정 방법

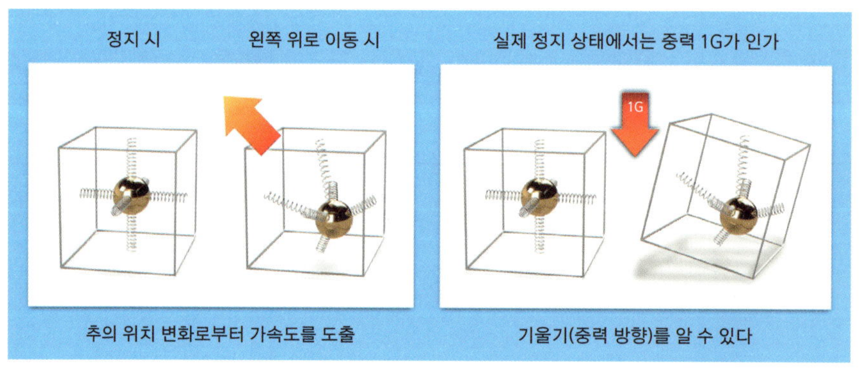

출처 : techweb.rohm.co.kr/product/sensor/sensor-device/4892

가속도 센서의 종류는 크게 정전용량형(capacitive), 압전형(piezoelectric), 압저항형(piezoresistive) 등이 있다.

① 정전용량형 센서

이 센서는 가속도에 따라 이동하는 질량체와 고정된 전극 사이의 정전용량 변화를 측정한다. 저주파수 응답에 우수하며, MEMS 기술을 활용해서 소형화가 가능하다. 스마트폰의 화면 회전 감지, 웨어러블 기기의 자세 추적 등에 활용된다.

② 압전형 센서

가속도에 의해 압전 소자에 힘이 가해지면 전하가 발생하는 원리를 이용한 센서다. 고주파수 응답에 우수하며, 감도와 내구성이 높다는 특징이 있다. 진동 측정, 구조물의 상태 모니터링 등에 많이 쓴다.

③ 압저항형 센서

가속도에 의해 발생하는 응력을 감지해 저항 변화를 측정한다. 넓은 주파수 범위에서 작동하며, 고온 환경에서도 안정적인 성능을 제공한다. 이 같은 특성 덕에 자동차의 에어백 시스템, 산업용 진동 측정 등에 활용한다.

2 IMU 센서

로봇이 어떻게 방향을 잡고 얼마나 빨리 움직이는지 알 수 있을까? IMU 센서가 이를 알려줄 수 있다. IMU는 일반적으로 가속도계, 자이로스코프 및 나침반을 포함하는 복합 장치다. 하루에 몇 걸음을 걸었는지 측정하기 위해 스마트폰에서 사용하는 센서와 종류가 같다.

보행 로봇의 경우, IMU는 다른 센서의 입력을 수정하는 데 사용될 수 있다. 즉 험지를 로봇이 이동한다면, 몸체가 좌우로 기울어지고 가능한 모든 방향으로 진행 방향을 잡을 수 있다. 이때 IMU의 데이터를 사용하면 로봇이 어떻게 움직이고 있는지 확인할 수 있으므로 라이다 및 카메라의 데이터를 안정화하는 작업에 활용할 수 있다.

가속도 센서 기술 트렌드

최근 가속도 센서는 MEMS 기술의 발전 덕분에 소형화되고 있으며 스마트폰, 웨어러블 기기, 드론 등 다양한 분야에서 활용하고 있다. 또한 IMU와 같은 복합 센서 모듈에 통합돼 자세 추정, 내비게이션, 모션 캡처 등 고급 응용 분야에도 사용한다.

1. 스마트폰 및 웨어러블 기기

스마트폰과 웨어러블 기기에는 MEMS 가속도 센서가 내장돼 화면 회전, 걸음 수 측정, 활동 추적 등 다양한 기능을 지원한다. 스마트폰의 화면 자동 회전 기능이나 피트니스 트래커의 걸음 수 측정 기능은 가속도 센서를 기반으로 작동한다.

2. 드론 및 로봇

드론과 로봇의 자세 안정화와 내비게이션에는 가속도 센서가 필수다. Bosch Sensortec의 BMI088과 같은 고성능 IMU는 드론과 로봇이 자세를 정확하게 제어하고 진동 저항성을 확보하는 데 도움을 준다.

3. 모션 캡처 및 재활

IMU 기반의 모션 캡처 시스템은 스포츠, 재활, 애니메이션 등 다양한 분야에서 활용된다. Noraxon의 Ultium Motion과 같은 웨어러블 3D 모션 캡처 시스템은 자연스러운 환경에서 움직임 분석을 할 수 있게 해준다.

Bosch의 BMI088 IMU 센서와 Noraxon의 Ultium Motion 모션 캡처 시스템

출처:bosch-sensortec.com/products/motion-sensors/imus/bmi088/?utm, noraxon.com/our-products/ultium-motion

③ 자기 위치 센서

위치 측정 시스템(Positioning System)은 로봇이나 차량의 위치, 방향, 속도 등을 측정하기 위해 다양한 센서를 활용하는 시스템이다. 주요 구성 요소는 다음과 같다.

① **가속도 센서(accelerometer)** : 로봇의 선형 가속도를 측정한다.

② **자이로스코프(gyroscope)** : 회전 속도와 방향을 감지해 자세 변화를 추적한다.

③ **자기 센서(magnetometer)** : 지구 자기장을 이용해 방향을 측정한다.

④ **GPS 수신기** : 위성 신호를 이용해 자신의 절대 위치를 알아낸다.

⑤ **휠 인코더(Wheel Encoder)** : 바퀴의 회전수를 측정해 이동 거리를 계산한다.

이러한 센서들은 개별적으로(또는 통합적으로) 로봇의 위치와 자세를 실시간으로 추정하는 데 사용한다. 여기서 데드 레코닝(Dead Reckoning)이라는 개념을 알아둘 필요가 있다. 데드 레코닝은 초기 위치와 이동 정보를 기반으로 현재 위치를 추정하는 기법이다.

로봇의 경우, 센서 데이터를 시간에 따라 적분해 위치를 계산한다. (자세한 내용은 제4장에서 알아봄) 예를 들면, 가속도 센서에서 얻은 가속도를 시간에 대해 적분해 속도를 얻고, 다시 적분해서 이동 거리를 계산한다. 자이로스코프로 얻은 회전 속도를 적분하면 방향 변화를 추적할 수 있고, 휠 인코더에서 얻은 바퀴의 회전수를 이용하면 이동 거리를 계산할 수 있다. 그러나 데드 레코닝은 센서의 오차와 누적되는 드리프트 현상으로 인해 시간이 지날수록 정확도가 떨어진다는 점을 기억해야 한다.

이 같은 데드 레코닝의 한계를 극복하기 위해 다양한 센서 데이터를 통합하는 센서 퓨전 기법을 사용한다. 예를 들어, GPS 데이터를 활용해 누적 오차를 바로잡거나, 지도 정보와의 매칭(Map Matching)을 이용해 위치 정확도를 향상할 수 있다.

신뢰도를 올리는 센서 퓨전

센서 퓨전은 로봇이 주변 환경을 더 정확하고 신뢰성 있게 인식하기 위한 핵심 기술이다. 이 기술은 카메라, 라이다, 레이더, IMU, GPS 등 서로 다른 센서에서 수집한 데이터를 통합해 개별 센서의 한계를 상호 보완한다. 카메라는 조명 조건에 민감하지만, 라이다는 어두운 환경에서도 거리 정보를 정확히 제공할 수 있다. 이처럼 센서들을 결합하면 각 센서의 약점을 보완하고 더욱 정밀한 정보를 얻을 수 있다.

이렇게 융합된 정보는 자율주행 자동차, 드론, 서비스 로봇 등 다양한 분야에서

로봇 유형	주요 기능	권장 센서 조합
자율주행 로봇	공간 인식, 장애물 회피, 내비게이션	LiDAR + RGB-D 카메라 + 초음파 + IMU + GPS (실외) + SLAM 알고리즘
서빙/안내 로봇	사람 인식, 경로 안내, 대화	RGB-D 카메라 + 마이크/스피커 + 터치 센서 + LiDAR + 거리 센서
협동 로봇	정밀 작업, 사람-로봇 상호작용	힘-토크 센서 + 비전 카메라 + 촉각 센서 + 안전 광전 센서
조리 로봇	식자재 조작, 섬세한 움직임	다관절 위치 센서 + 힘 센서 + 촉각 센서 + 온도 센서 + 비전 센서
수술/의료 로봇	미세 제어, 생체 상태 모니터링	힘 센서 + 고해상도 카메라 + 생체 신호 센서(ECG, PPG) + EMG(재활)
재활/외골격 로봇	사용자의 의도 반영, 운동 보조	IMU + EMG + 근력 센서 + 관절 위치 센서 + 접촉 감지 센서
돌봄/정서 로봇	감정 상호작용, 대화, 신체 모니터링	음성인식 + 감정 AI + 얼굴 인식 + PPG/EDA + 터치 센서 + 비전 카메라
방역/환경 케어 로봇	자율주행, 살균·소독, 공기질 측정	LiDAR + UVC 조도 센서 + 소독제 분사 제어 + CO_2 / TVOC 센서 + 열화상 카메라
농업/정밀 농업 드론	생육 분석, 농약 살포, 파종	NDVI/멀티스펙트럼 카메라 + GPS + IMU + 분사 시스템 센서 + 온도/습도 센서
군사용 정찰 로봇	위치 파악, 위험 탐지, 야간 정찰	LiDAR + 열화상 카메라 + IMU + FMCW 레이더 + 생체/진동 감지 센서

활용되며, 로봇의 정밀한 위치 추정, 장애물 회피, 경로 계획과 같은 주요 기능을 가능하게 한다. 특히 이동형 로봇의 경우에 IMU와 GPS 데이터를 결합해 위치를 더 정확히 추정할 수 있어, 복잡한 환경에서도 안정적인 작동이 가능해진다.

또한 센서 퓨전은 로봇이 실시간으로 환경 변화를 감지하고 빠르게 반응할 수 있도록 하므로, 실시간 반응성 향상에도 도움을 준다. 다양한 센서 정보를 통합하면, 로봇은 복잡한 환경에서도 정밀하고 유연하게 움직일 수 있는 기반을 확보한다.

센서 퓨전은 다양한 알고리즘을 통해 구현되는데, 대표적인 방법으로는 칼만 필터(Kalman Filter), 입자 필터(Particle Filter), 딥러닝 기반의 융합 기법 등이 있다. 이 알고리즘은 각 센서의 데이터 특성을 고려해 최적의 정보를 추출하고 통합한다.

제4장 ◀

인공지능 로봇에 적용하는 인식과 표현 기술

음성인식:
인간의 말을 알아듣는 로봇의 청각

우리 인간은 서로 말을 한다. 즉 대화로 의사와 감정을 교환한다. 로봇이 말을 해서 인간과 대화할 수 있다면, 이는 로봇이 우리 삶에 더욱 깊숙이 들어와 공존할 가능성을 열어줄 것이다. 그런데 로봇과 대화하려면 일단 로봇이 우리가 하는 말을 알아들어야 한다.

음성인식 기술의 구조

"헤이 로봇, 조명 켜줘."

이 간단한 명령에 로봇이 정확히 반응하는 순간, 우리는 기계가 인간의 말을 이해하는 세계가 어떠한지를 경험한다. 이런 기술은 흔히 STT(Speech-to-Text)라 불리는 음성인식 시스템 덕분이다.

음성인식은 사람의 말소리를 문자로 바꾸는 기술이다. 입력된 음성은 먼저 음소 (phoneme)라는 가장 작은 소리 단위로 나뉘고, 이를 처리하기 위해 딥러닝 기반의 음향 모델과 언어 모델이 함께 작동한다. 예를 들어 "밥 먹었어?"라는 말을 인식하는 과정은 다음과 같다.

① 음향 모델이 음소를 구분한다.

② 언어 모델이 문법적 맥락을 통해 가장 자연스러운 문장을 예측한다.

③ 디코딩 알고리즘이 최종 문장을 출력한다.

마이크를 이용해 컴퓨터가 처리할 수 있는 신호로 변환
음성신호를 컴퓨터가 인식할 수 있는 형태로 변환
물건을
갖다 줘
특징 추출
음성신호
인식
"물건을 갖다 줘"
음성인식 모델을 이용해
텍스트로 변환
음성인식 모델

▶ 음성인식 모델 예시

음성 특징값
음성인식
모델
음소열
(확률)
단어 사전
단어 후보
(확률)
언어 모델
"물건"
한국어 음소(예시)
모음 : ㅏ, ㅣ, ㅜ, ㅔ,
ㅗ, ㅜ, ㅠ …
자음 : ㄱ, ㄴ, ㄷ, ㄹ, ㅁ …
단어사전(예시)
로봇 : robot
공부 : gongbu

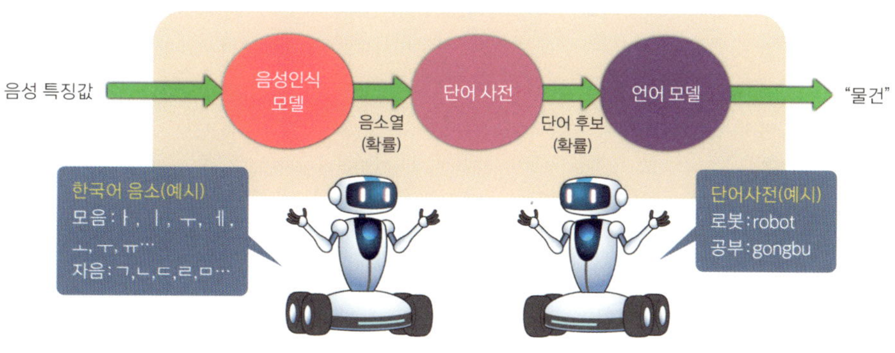

음성인식의 역사

음성인식 연구는 컴퓨터가 등장하면서 시작됐다. 먼저 인간의 성대가 소리를 낼 때 어떻게 변화하는지를 탐구하고, 그것을 수학적으로 모델화하는 시도가 이뤄졌다. 이러한 모델에 따라 음성을 합성해 음성이 어떤 모델에 가까운지를 해석하는 방식으로 음성을 인식하는 시도가 이뤄졌다.

1960년대에 IBM이 Shoebox라는 음성인식 장치를 발표하고, 일본에서도 교토 대학이 단음절의 음성을 인식하는 음성 타자기를 개발한 바 있다. 1970년에는 미국 국방 고등연구계획국(DARPA, Defense Advanced Research Projects Agency)이 최초의 음성인식 프로젝트를 시작했다. 당시 IBM은 민간 최초로 음성인식 기술을 개발했는데, 특정 음성을 모델로 표현할 수 있었다. 만약 '아'라는 소리를 발성했다면, 무엇[Hz]과 무엇[Hz]의 소리가 강한지 나타내는 특징을 표현하는 모델이다. 이 모델 덕분에 음성에 가까운 소리를 합성할 수 있었다.

이 모델을 발전시키면 음성인식은 곧 완성될 것으로 보였다. 그러나 이 모델이 잘 작동하려면 이상적인 음성 입력이 필요했다. 실제 대화에서는 아나운서처럼 소리를 하나씩 명료하게 발음하는 사람이 적었다. 예를 들어 '아' 소리가 뭉개지는 경우가 많았다. 또한 인간의 입은 전후 소리와 관련해 매끄럽게 변화하지만, 이 같은 '조음 결합'도 표현할 수 없었다.

IBM은 1970년대에 고안한 '숨겨진 마르코프 모델'(Hidden Markov Model)이라는 확률 모델로 이 문제를 해결했다. 1980년대에 카네기멜론 대학은 이 모델을 음성인식에 적용했다. 일본에서도 1986년에 설립된 ATR(국제전기통신기초기술연구소)이 숨겨진 마르코프 모델을 이용한 음성인식 연구를 진행했다. 이 시대에는 숨겨진 마르코프 모델, 혼합 가우스 모델 및 IBM Via voice 같은 음성인식 기술이 개발됐다.

1990년대에 컴퓨터와 네트워크의 처리 속도가 비약적으로 향상되자, 음성인식 기능을 탑재한 제품이 등장했다. 1995년 마이크로소프트가 Windows에 연설 도구를 탑재했다. 그리고 클라우드 처리가 본격화된 2010년대에는 아이폰에 인공지능 비서인 시리가 탑재되고, 다양한 기업에서 유사한 서비스가 나왔다. 2014년에 마이크로소프트는 코타나를 발표했으며, 2017년에는 애플이 AI 스피커를 발표했다. 아마존과 구글도 비슷한 제품을 판매했다.

음성인식 구현

지금까지 언급한 내용을 토대로 로봇이나 PC에 음성인식을 구현하려면 어떻게 해야 할까? 우선 다양한 음성인식 엔진과 API를 사용할 수 있는 음성인식 라이브러리[19]인 Speech Recognition을 파이썬으로 활용해 볼 것을 권한다. 파이썬 언어 소프트웨어 저장소인 PyPI(Python Package Index)에서 이 라이브러리를 설치한다. Speech Recognition 라이브러리는 다음과 같은 음성인식 엔진 및 API를 지원한다. 현재는 음성인식 엔진으로 Google Speech Recognition을 사용한다.

- CMU Sphinx(works offline)
- Google Speech Recognition
- Google Cloud Speech API
- Wit.ai
- Microsoft Bing Voice Recognition
- Houndity API
- IBM Speech to Text
- Snowboy Hotword Detection(works offline)

이와 같은 음성인식 라이브러리를 사용해 'Bring Me' 작업의 음성 명령을 인식하고 텍스트로 출력하는 프로그램을 만들어보자. Bring Me 작업의 음성 명령은 "Bring me a bottle from kitchen."이다. 음성을 녹음한 wav 파일을 입력해서 이 텍스트를 출력할 수 있으면 성공이다.

---

[19] 라이브러리는 특정 기능들을 미리 구현해 놓은 코드 묶음으로, 개발자가 복잡한 기능을 처음부터 만들 필요 없이 가져다 쓰면 되기 때문에 매우 편리하다.

음성합성:
텍스트를 자연스러운 목소리로 바꾼다

사람 말을 인식하는 일에 성공했다면, 그다음은 로봇이 말을 하는 단계다. 과거에는 상상에 불과했던 기계의 말하기 능력은 이제 우리 일상에 널리 퍼져 있다. 어떻게 로봇이 사람 목소리를 모방해서 자연스러운 음성을 만들어내는지를 알아본다.

음성합성 기술의 구조

콜센터에서 "다음 순서입니다. 잠시만 기다려주세요."라는 음성이 들려온다. 처음엔 사람이 말하는 것처럼 들리지만, 자세히 듣다 보면 보코더(Vocoder, 음성의 음높이와 강약을 조절해 더 자연스럽게 만드는 알고리즘) 기술로 만들어진 음성임을 알아챌 수 있다. 요즘은 흔한 광경이다. 음성합성은 문자를 실제 말소리처럼 변환하는 기술이다. 대체 어떻게 이런 일이 가능할까. 최근에는 기계음이 아닌, 감정 표현도 자연스러운 음성을 생성할 수 있다. 이를 위해서는 텍스트를 TTS(Text-to-Speech) 시스템을 통해 처리하고, 보코더를 이용해 소리의 질감과 높낮이를 조절한다. 이 과정에서 음성

▷ 텍스트에서 음성을 합성하는 과정

음향 모델 학습 및 음성 파형 생성의 과정

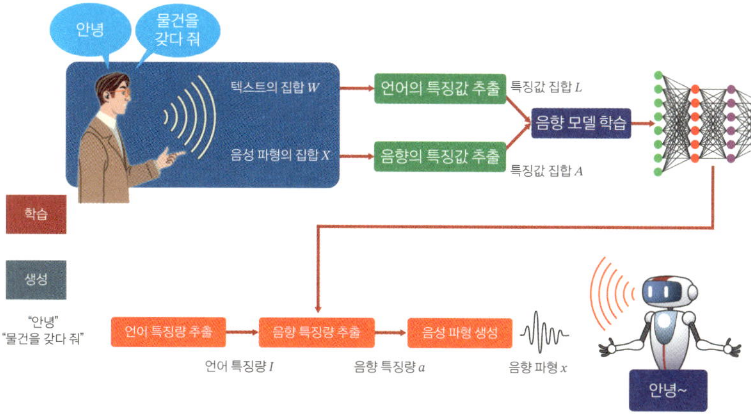

이 얼마나 자연스러운지를 결정하는 중요한 요소가 바로 비주기성(Aperiodicity, 음파의 거칠기 정도와 자연스러운 발음을 위해 조절함)이다.

DNN을 이용한 음성합성

음성합성에서도 음성인식과 마찬가지로 텍스트에서 음성 파형까지 모든 것을 신경망으로 구성하는 End-to-End 방법을 쓴다. 136쪽 그림은 DNN(Deep Neural Network, 심층 신경망)을 이용한 음성합성의 개요를 보여준다. DNN은 인간 뇌의 신경망 구조를 모방해 여러 층으로 만든 네트워크로 복잡한 패턴을 학습하고 예측하는 인공지능 기술을 말한다.

DNN을 이용한 음성합성은 계열 길이가 다른 피처(feature, 음성 신호의 특징이나 속성을 수치화한 데이터) 사이의 변환을 직접 수행하기가 어렵다. 따라서 음소의 언어 특징량을 입력해서 음소의 연속 길이를 예측하는 연속 길이 모델과 프레임 단위의 언어 특징량에서 음향 특징량을 예측하는 음향 모델이라는 두 가지 모델이 있다. 이 모델을 학습시키려면 음성 데이터와 텍스트 데이터가 필요하다. 게다가 언어나 운

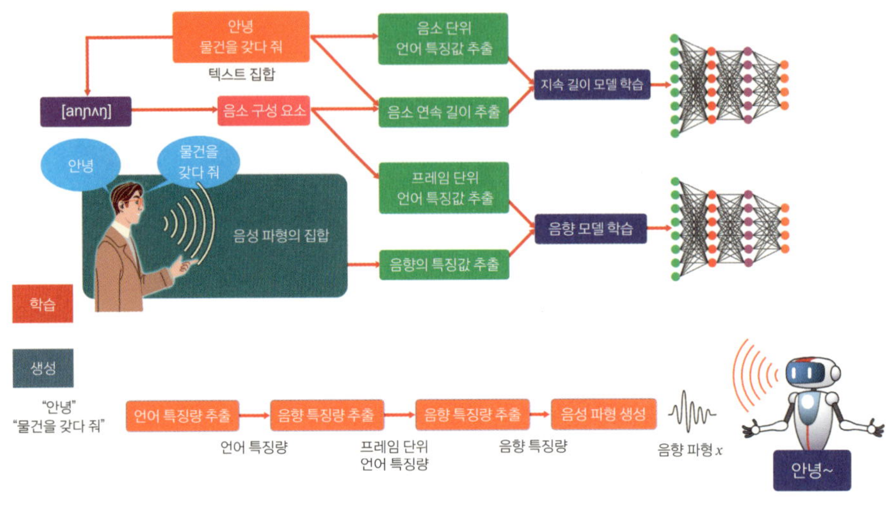

율 등의 언어적 문맥의 정보인 언어 특징량, 음성에서 추출한 음향 특징량, 텍스트 데이터의 음소와 음성 데이터의 시간적 대응의 정보인 음소 정렬 등이 필요하다.

위 그림에서 중요한 개념은 음소 연속 길이 추출과 지속 길이 모델 학습이다. 먼저 음소 연속 길이 추출은 특정 음소가 발음되는 동안의 시간 길이를 추출하는 과정이다. 즉 음소마다 발음되는 길이가 다르기에, 이를 정확하게 추출하는 것이 자연스러운 음성을 합성하는 데 매우 중요하다. 예를 들어 "안녕"이라는 단어에서 '안'의 '아'는 비교적 짧게, 'ㄴ'은 조금 더 길게 발음한다. 이처럼 각 음소가 발음되는 시간 길이를 추출하는 것을 음소 연속 길이 추출이라고 한다.

지속 길이 모델 학습은 앞서 추출한 음소 연속 길이 데이터를 바탕으로 특정 음소가 얼마나 오랫동안 발음되는지를 학습하는 과정이다. 딥러닝을 이용해 모델을 만들며, 이 모델은 새로운 텍스트가 입력됐을 때 각 음소의 발음 길이를 예측한다.

이 모델은 잘 학습되면, 음성합성 과정에서 자연스럽고 인간적인 음성을 생성할 수 있다. 왜냐하면 음소의 발음 길이가 너무 길거나 짧으면 음성이 부자연스럽게 들릴 수 있기 때문이다.

내비게이션:
스스로 위치를 찾고 지도를 그리는 로봇

내비게이션은 매우 중요한 로봇 기술이다. 단순한 길 찾기를 넘어 생존과 직결된 핵심 능력이기 때문이다. 마치 우리가 눈으로 주변을 보고 발로 움직이듯, 로봇은 내비게이션 기술을 이용해 미지의 공간을 탐색하고, 장애물을 피하며, 스스로 목표 지점까지 도달하는 자율성을 확보한다. 이는 로봇이 인간의 삶으로 깊숙이 들어오기 위한 첫걸음이자 가장 근본적인 기술 기반이다.

SLAM과 웨이포인트 경로 계획

병원에서 약 배달 로봇이 엘리베이터를 타고 병실을 찾아간다. 이 로봇은 자신이 어디 있는지 파악하고, 복잡한 구조를 회피하면서도 목적지까지 도달한다. 이러한 행동은 모두 SLAM 기술과 웨이포인트(Waypoint, 경로상의 중간 지점이며 로봇이 따라야 할 경로 정보) 기반의 경로 계획 덕분에 가능하다.

로봇이 자율적으로 목적지까지 이동하려면, '현재 내 위치가 어디인지', '어디로 가야 할지'를 동시에 알아야 한다. 이를 가능하게 하는 기술이 SLAM이다. 로봇은 카메라나 라이다 같은 센서를 이용해 실시간으로 지도를 만들고, 웨이포인트를 설정해 그 경로를 따라 움직인다. 내비게이션과 관련해서는 외부 센서를 사용하는 방법과 내부 센서를 사용하는 방법이 있다.

외부 센서를 사용하는 방법

일반적으로 라이다를 외부 센서로 사용한다. 라이다는 거리 정밀도가 매우 높으면

출처 : Barad, J., Roadside Lidar Helping to Build Smart and Safe Transportation Infrastructure. SAE Technical Paper 2021-01-1013

서 방위도 알 수 있는 능동형 센서이며, 조명의 영향도 받지 않으므로 야외에서 사용할 수 있다. 따라서 최근에는 실내외의 자율이동 로봇에 없어서는 안 될 센서로 자리 잡았다. 여기서는 2D 라이다의 원리를 설명하고자 한다.

라이다는 레이저 빔을 송신부에서 출력하고, 수신부에서 수신한 빔의 위상차를 측정해서 거리와 방위를 알아낸다. 송신부는 수직축(Z축)을 중심으로 반시계 주위로 회전하며 일정 각도마다 데이터를 취득한다. 위 사진에서 라이다는 2도 간격으로 360도 회전하며 데이터를 획득한다. 획득할 수 있는 데이터군은 레이저 빔으로 파악한 점(물체에 해당하는 점)의 거리와 방위의 집합으로, 이것을 점군 혹은 포인트 클라우드라고 한다. 또한 라이다 제품에 따라 거리와 방위 데이터 외에 물체의 반사 강도도 알 수 있다. 이것을 사용하면 물체 식별도 가능하다.

139쪽 그림의 왼쪽은 가제보(Gazebo) 시뮬레이터(가상 환경에서 로봇의 동작을 시뮬레이션하고 테스트할 수 있게 해주는 3D 로봇 시뮬레이터)의 이미지이며, 파란색 선은 라이다에서 방출되는 레이저 빔이다. 붉은색 점은 레이저 빔이 원통에 부딪히면서 맺힌 점이며, 라이다에서 이 점까지의 거리와 방향이 데이터로 추출된다. 레이저 빔은 기본적으로 물체를 투과하지 않기 때문에 원기둥 뒤편으로는 레이저 빔이 보이지 않는 것을 알 수 있다. 거리 측면에서도 C → B → A 원통 순서로 라이다 센서와 멀어지고, 점점 원기둥에 맺히는 점의 숫자가 줄어듦을 그림에서도 알 수 있다.

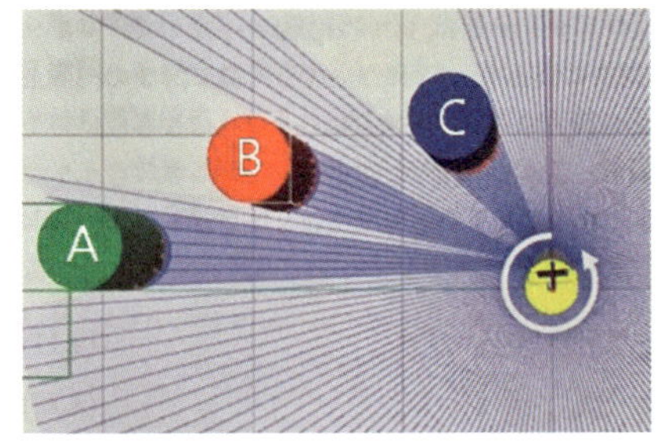

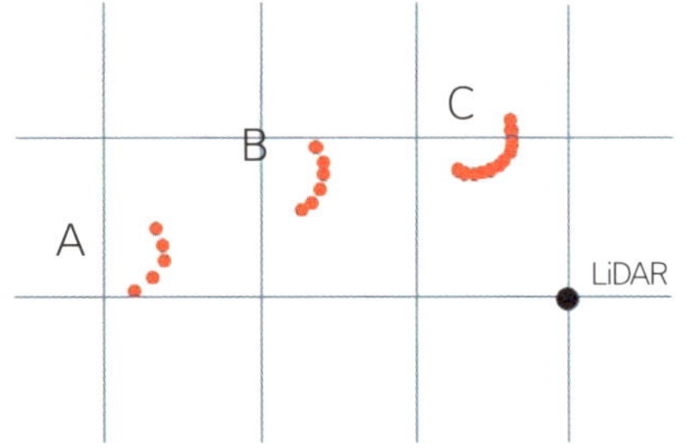

참고로 라이다의 특징과 주의점을 몇 가지 알아보자. 라이다는 레이저 빔을 사용하고 있으므로, 고출력 레이저의 경우 눈에 닿으면 당연히 위험하다. 따라서 레이저 제품의 안전 기준이 정해져 있다. 가장 안전한 것은 클래스 1이며 이는 장시간 눈에 조사돼도 안전하다고 알려져 있다. 따라서 생활 지원 로봇은 클래스 1의 라이다를 사용해야 한다.

레이저 빔은 페트병이나 유리 같은 투명 물체를 투과(또는 반사)하기 때문에 이런 물체를 검출할 수 없다. 페트병이나 유리를 검출하려면 유리면에 종이 또는 무광 시트지를 붙이거나 별도의 초음파 센서를 로봇에 장착해야 한다.

물체가 라이다로부터 멀어지면, 얻어지는 점군의 수가 적어진다. 점군의 형상을 사용해 물체를 식별하는 경우라면 이러한 요소를 고려해야 한다.

외부 계측 센서를 사용하는 세 가지 방법

1. **거리를 사용하는 방법**: 랜드마크(landmark)까지의 거리만을 사용하는 자기 위치 추정 방법

2. **방위를 사용하는 방법**: 랜드마크까지의 방향만을 사용하는 자기 위치 추정 방법

3. **형상을 사용하는 방법**: 랜드마크의 형상을 사용하는 자기 위치 추정 방법

SLAM-로봇을 위한 눈과 나침반

사람이 운전할 때 내비게이션이 필요하듯, 로봇이 자율적으로 이동하려면 자신의 위치와 주변 환경을 담은 지도가 필요하다. 이 두 가지를 동시에 해결하는 핵심 기술이 바로 SLAM이다. SLAM은 '동시적 위치 추정 및 지도 작성'이라는 뜻으로, 로봇이 움직이면서 자신의 위치를 추정하고 동시에 주변 환경을 보여주는 지도를 작성하는 과정을 의미한다.

위치 추정(localization)은 로봇이 현재 어디에 있는지를 알아내는 과정이며, 지도 작성(mapping)은 주변 사물과 지형을 인식해 공간 정보를 시각화하는 작업이다. 마치 달걀과 닭의 관계처럼 위치를 알기 위해 지도 정보가 필요하고, 지도를 만들기 위해 위치 정보가 필요한 순환적 문제가 존재하는데, SLAM은 이 문제를 해결하는 통합 알고리즘이다.

SLAM 기술은 1980년대에 처음 개념이 등장한 이후, 센서 기술과 연산 알고리즘이 빠르게 발전하면서 자율주행 자동차·실내 서비스 로봇·창고 드론·건설 로봇까지 다양한 분야에 널리 쓰이고 있다.

SLAM의 작동 원리를 이해하기 위해서는 먼저 SLAM이 어떤 문제를 해결하고자 하느냐(계산 방식), 그리고 '어떤 센서를 사용해 이를 구현하느냐(센서 방식)'에 따라 분류된다는 점을 이해해야 한다.

SLAM의 핵심 분류

SLAM은 크게 두 가지 축으로 나눌 수 있다. 첫 번째는 SLAM 문제 자체를 어떻게 정의하느냐(계산 방식)이고, 두 번째는 SLAM을 어떤 센서로 구현하느냐(센서 방식)이다. 이 두 분류는 서로 독립적이며, 하나의 SLAM 시스템에서 자유롭게 조합할 수 있다.

1 SLAM 문제 정의 기준 분류(계산 방식 기준)

SLAM은 계산 목표에 따라 온라인 SLAM(Online SLAM)과 완전 SLAM(Full SLAM)

구분	의미	특징	대표 알고리즘
온라인 SLAM(Online SLAM)	현재 위치와 최신 지도만 실시간으로 추정	빠름, 메모리 적음, 누적 오차 가능	EKF-SLAM, Fast-SLAM(실시간 부분), ORB-SLAM Tracking
완전 SLAM(Full SLAM)	로봇의 전체 경로+ 환경을 통합적으로 최적화	매우 정확함, 연산량 큼, 오프라인 / 배치 처리	Graph SLAM, G2O, Ceres, iSAM2, ROS 2 slam_toolbox

으로 나눌 수 있다. 온라인 SLAM은 로봇이 이동하는 현재 시점만 고려해 실시간 위치와 지도를 추정한다. 빠르지만 과거 정보가 제한되기 때문에 오차가 누적될 수 있다.

완전 SLAM은 로봇이 지나온 전체 경로와 환경을 한꺼번에 최적화해서 보다 정밀한 지도를 만든다. 정확도는 높지만, 계산량이 크고 실시간성은 떨어진다. 이 두 방식의 차이는 표로 정리했다.

② SLAM 구현 방식 분류(센서 기반 기준)

SLAM은 사용하는 센서 종류에 따라서도 서로 다른 방식으로 구현된다. 카메라를 사용하는 Visual SLAM, 라이다 기반의 라이다 SLAM, 카메라와 IMU를 결합한 Visual – Inertial SLAM, 라이다와 카메라와 IMU를 모두 통합한 멀티 센서 SLAM 등이다.

각 센서 방식은 정밀도, 환경 적응성, 비용 등에서 차이를 보이며, 로봇의 용도와 운용 환경에 맞춰 선택된다.

SLAM의 실제 알고리즘

SLAM을 구체적으로 구현하는 방법은 여러 가지가 있으며, 대표적인 접근법은 세 가지로 요약된다. 이 알고리즘들은 온라인 SLAM 또는 완전 SLAM의 계산 방식과 연결되며, ROS(로봇 운영체제)의 패키지로도 널리 사용된다.

구분	의미	장점	단점	대표 기술
Visual SLAM	카메라(RGB/스테레오/RGB-D) 영상으로 SLAM 수행	저렴한 센서, 풍부한 시각 정보, 실내에서 강함	조명·블러에 취약, 계산량 많음	ORB-SLAM, VINS-Mono, DSO, ElasticFusion
LiDAR SLAM	LiDAR 거리 데이터를 이용해 SLAM 수행	정밀도 높음, 조명 영향 없음	센서 가격 높음, 질감 정보 부족	Hector SLAM, Cartographer, LOAM
Visual-Inertial SLAM	카메라+IMU 융합	빠른 움직임에 강함, 정확도 향상	구현 복잡	ORB-SLAM3, VINS-Fusion
멀티 센서 SLAM	LiDAR+카메라+IMU 통합	가장 안정적·정확	비용·시스템 복잡도 증가	자율주행 차량 SLAM 스택

SLAM 알고리즘 분류

구분	SLAM 접근 방식	설명	대표 알고리즘	대표 ROS 구현 패키지
EKF-SLAM	온라인 SLAM	현재 위치와 최신 지도만 실시간으로 추정하는 방식. 상태와 지도를 확장 칼만 필터를 이용해 함께 업데이트한다. 계산이 빠르고 실시간성에 적합하지만, 공간 규모가 커지면 성능이 떨어질 수 있다.	EKF-SLAM	일부 연구용 구현, 기본 EKF 기반 SLAM 예제들
Fast-SLAM	완전 SLAM 또는 온라인+완전 혼합형	입자 필터 기반 방법으로, 로봇의 전체 경로와 랜드마크를 추적한다. 온라인에서도 사용되지만, 본질적으로 전체 경로를 추정할 수 있어 완전 SLAM 범주에 포함된다. ROS 1의 gmapping이 대표적인 Fast-SLAM 적용 사례다.	Fast-SLAM 1.0/2.0	ROS 1 gmapping
그래프 기반 SLAM	완전 SLAM	로봇의 위치와 관측을 그래프 형태로 표현하고, 이를 전역 최적화해 누적 오차를 최소화한다. Loop Closure에 강하며 정밀 지도를 생성하는 데 적합하다.	Graph SLAM, iSAM2, G2O	ROS2 slam_toolbox, Cartographer(back-end)

1 EKF-SLAM

온라인 SLAM의 대표 알고리즘으로, 확장 칼만 필터(EKF)를 통해 현재 상태와 지도를 실시간으로 갱신한다.

2 Fast-SLAM

입자 필터 기반 구조로, 전체 경로를 추정할 수 있어 완전 SLAM 범주에 속한다. ROS 1의 gmapping 패키지가 이 방식을 사용한다.

3 그래프 기반 SLAM(Graph SLAM)

완전 SLAM의 표준 접근법으로, 로봇의 위치와 관측을 그래프 형태로 저장하고 이를 최적화해 누적 오차를 보정한다. ROS 2의 slam_toolbox가 대표적인 사례다.

장애물 회피 :
충돌 없이 안전하게 이동하는 법

예상치 못한 환경에서도 로봇은 안전하게 움직여야 한다. 장애물 회피 기술은 로봇이 미지의 공간에서 충돌 없이 자율적으로 이동하며 임무를 완수할 수 있도록 하는 핵심 기술이다. 이는 다양한 분야에서 로봇의 활용도를 높이는 데 결정적인 역할을 한다.

장애물 회피 기술의 원리

물류 창고에서 작업 중인 로봇은 사람과 마주쳤을 때, 갑자기 멈추고 방향을 바꾼다. 이는 로봇이 라이다 센서로 장애물을 인식하고, 충돌 회피 알고리즘에 따라 회피 동작을 수행하기 때문이다.

장애물 회피는 로봇이 이동 중 충돌 위험을 실시간으로 감지하고 회피 경로를 즉시 계산하는 기술이다. 이를 위해 라이다 같은 거리 센서와 초음파, RGB-D 카메라 등 여러 센서 기술이 함께 사용된다.

로봇은 감지된 거리 정보로 충돌 회피 알고리즘(장애물 감지를 바탕으로 이동 방향과 속도를 조절하는 계산 방식)을 실행한다. 장애물과 가까워지면 패시브 회피 방식(충돌 가능성에 대비해 여유 거리를 확보하며 이동하는 방식)으로 로봇 속도를 줄이고, 필요하다면 경로를 완전히 변경하는 식이다. 장애물 회피의 대표적인 기법에는 포텐셜 필드 방법과 기하학적 방법이 있다.

포텐셜 필드 방법

로봇이 장애물을 피해 움직이려면 단순히 감지만으로는 부족하고, 어떤 방식으로

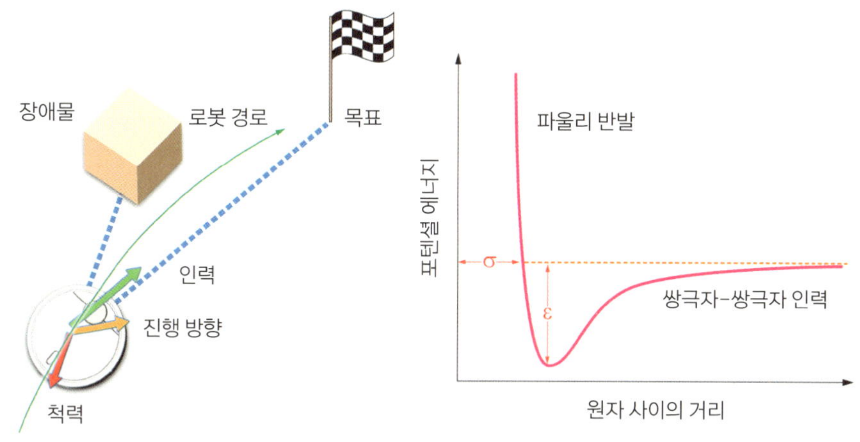

포텐셜 필드 기반의 경로 탐색(왼쪽), 레너드–존스 포텐셜 에너지 곡선(오른쪽)

회피할지를 결정하는 전략이 필요하다. 대표적인 접근 중 하나가 포텐셜 필드 방법(Potential Field Method)인데, 로봇이 목표 지점에는 끌리고(흡인력), 장애물에는 밀리는(반발력) 가상의 힘을 받는다고 가정해서 움직이는 방식이다. 단순하고 직관적이지만, 장애물 사이에 갇히는 로컬 미니멈 문제도 발생할 수 있다.

포텐셜 필드 방법의 알고리즘

1 : 초기화

    – 로봇의 초기 위치, 목표 위치, 장애물 위치를 설정한다.

2 : while (목표에 도달하지 않았을 때) do

    ① : 인력 벡터 계산

       – 목표 위치로부터 발생하는 인력 벡터를 계산한다.

    ② : 척력 벡터 계산

       – 장애물로부터 발생하는 척력 벡터를 계산한다.

기하학적 방법

반면 기하학적 방법(Geometric Method)은 로봇과 장애물 간의 거리, 모양, 방향 등을
수학적으로 분석해 회피 경로를 계산하는 방식이다. 주로 정형화된 환경이나 반복
적인 경로 설정에 적합하다. 이들 알고리즘은 센서 기반 회피와 결합해, 로봇이 실
시간으로 안전한 경로를 판단하고 유연하게 대응하는 데 사용된다.

▸ 기하학적 방법을 이용한 회피

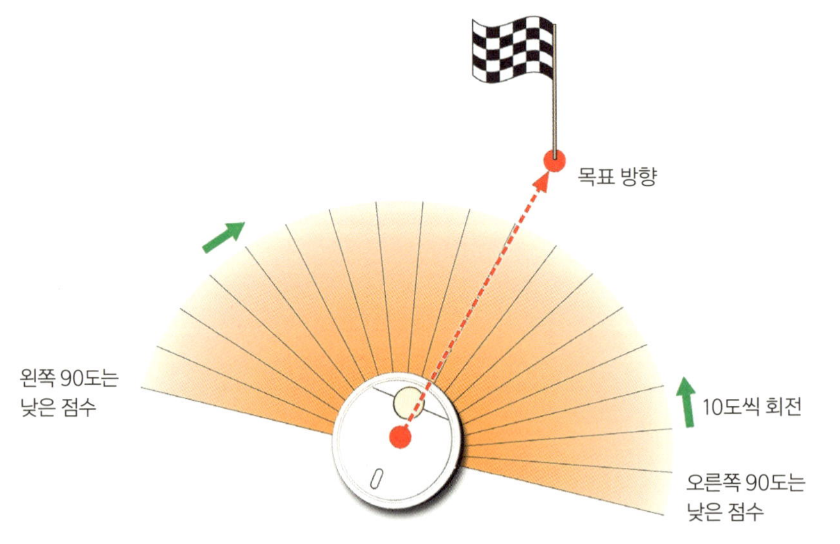

동적 윈도 접근법

대표적인 시뮬레이션 기법이며 ROS의 충돌 회피 방법으로도 사용되는 동적 윈도 접근법(Dynamic Window Approach, DWA)이 있다. 기본 아이디어는 옆 그림과 같이 사각형 영역(윈도)을 설정하고, 시뮬레이션으로 여러 경로를 생성한다. 그런 다음 장애물과 목표까지의 거리·경로·속도 등으로 구성된 평가 함수를 결정한다. 그중에서 평가 함수값이 가장 높은 경로를 선택하고, 그에 따라 로봇을 제어한다.

DWA와 같은 로컬 경로를 계산하는 것을 로컬 플래너(Local Planner), 목표까지의 글로벌 경로를 계산하는 것을 글로벌 플래너(Global Planner)라고 한다. DWA의 알고리즘은 다음과 같다. ROS 2는 DWA의 후속 DWB[20]를 구현한다.

---

20 DWB(Dynamic Window Based Planner)는 ROS 2에서 DWA의 후속으로 구현된 로컬 경로 계획 알고리즘이다. DWB는 DWA와 유사한 방식으로 작동하지만, ROS 2에서 더 나은 성능과 유연성을 제공하도록 개선된 로컬 플래너다.

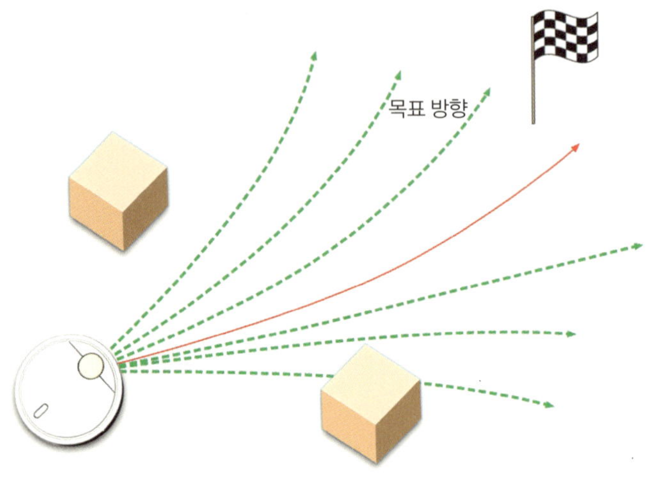

DWA 알고리즘

1 : while True do

① : 로봇의 현재 속도와 가속도를 기반으로 허용 가능한 속도 범위를 설정한다. (동적 윈도 생성)

② : 여러 가지 속도 조합을 사용해 짧은 구간의 여러 경로를 시뮬레이션으로 생성한다.

③ : 각 경로에 대해 평가 함수를 계산한다.

- 장애물까지의 거리

- 목표까지의 거리

- 경로의 안전성

- 로봇의 속도

④ : 가장 높은 평가값을 보인 경로를 선택한다.

⑤ : 선택된 경로에 따라 로봇을 제어한다.

2 : end while

경로 탐색 기술: 목적지까지 가는 최적의 길을 찾다

로봇이 자율적으로 움직이며 다양한 임무를 수행하려면 효율적이고 안전한 경로를 찾아내는 능력이 필수다. 경로 탐색 기술은 로봇이 출발점에서 목표 지점까지 최적 경로를 계획하고, 예상치 못한 장애물을 회피하며 목적지에 도달하도록 돕는 핵심 기능이다. 이 기술은 로봇의 활용 범위를 매우 넓힌다.

경로를 탐색하는 기술의 원리

실내 배달 로봇이 호텔 복도를 지나 엘리베이터를 타고, 가장 빠른 길로 고객 방 앞까지 이동한다. 이 로봇은 A* 알고리즘(가장 빠르고 효율적인 길을 찾기 위해 추정 거리, 즉 휴리스틱[21]을 활용하는 탐색법)을 활용해 그래프 기반 경로 탐색(공간을 점과 연결선으로 바꿔 경로를 탐색하는 수학적 모델)을 수행한 것이다.

이 사례에서 로봇은 출발지부터 목적지까지 가장 효율적인 이동 경로를 계산하는 경로 탐색 기술을 활용했다. 이를 위해 공간을 그래프 형태로 표현한 후, A*나 다익스트라(Dijkstra) 알고리즘을 이용해 최적 경로를 도출한다. 복잡한 공간이나 실시간 환경 변화가 크다면 RRT(Rapidly-exploring Random Tree, 복잡한 지도에서 빠르게 탐색을 확장하는 확률 기반 알고리즘) 방식처럼 확률적으로 경로를 확장해 해결하는 방법도 사용한다.

---

[21] 휴리스틱 함수는 경로 탐색 문제를 풀 때 현재 상태에서 목표 상태까지 남은 비용을 예측한다. 경로 탐색 알고리즘, 특히 A* 알고리즘에서 휴리스틱 함수는 매우 중요한 역할을 한다. 휴리스틱 함수를 사용하면, 목표에 더 빨리 도달하는 경로를 찾을 수 있다.

151쪽 그림은 로봇이 장애물 사이를 지나 목표 지점까지 이동할 때, BFS와 다익스트라 알고리즘이 어떻게 다른 경로를 계산하는지를 보여준다. 두 알고리즘 모두 격자 지도를 기반으로 작동하며, 빨간 별은 시작점, 보라색 X는 목표 지점, 초록색은 이동 가능 지역을 나타낸다. BFS는 단순히 가장 가까운 경로를 탐색하지만, 이동 비용이 같다고 가정하기 때문에 실제로는 덜 효율적인 경로를 선택할 수 있다.

반면 다익스트라 알고리즘은 이동 비용을 고려해서 더욱 최적화된 경로를 도출한다. 151쪽 그림의 1~6은 장애물 위치가 달라질 때, 각 알고리즘이 어떻게 경로를 탐색하고 결과를 도출하는지를 보여준다. 특히 장애물이 복잡한 구조를 형성할수록 다익스트라가 더 효율적인 경로를 생성하는 것을 확인할 수 있다.

아래 그림은 왼쪽의 다익스트라 알고리즘과 오른쪽의 A* 알고리즘이 같은 목표 지점까지 어떤 방식으로 경로를 탐색하는지를 보여준다. 두 알고리즘 모두 출발지에서 목표지까지 도달 가능한 최단 경로를 찾지만, 다익스트라는 모든 방향을 같게 탐색하며 시간과 계산량이 많아질 수 있다. 반면 A*는 목표 방향에 가까운 노드를

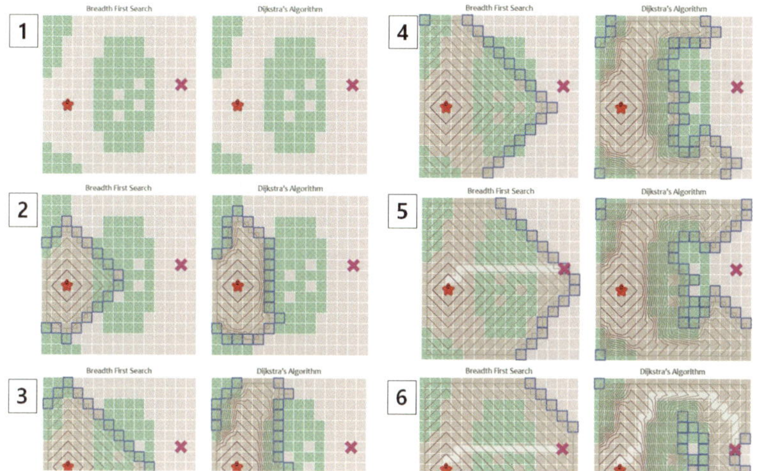

출처 : www.redblobgames.com

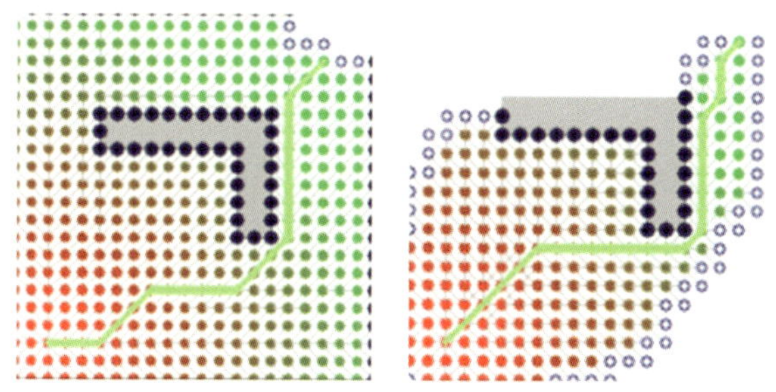

출처 : commons.wikimedia.org/wiki/File:Dijkstras_progress_animation.gif,
commons.wikimedia.org/wiki/File:Astar_progress_animation.gif

우선 탐색해서 더 효율적으로 계산을 줄이며 경로를 찾는다. 초록색 선은 최종 경로를 나타내며, 배경 점의 색은 각 지점까지의 비용이나 탐색 우선순위를 시각화한 것이다. 이 비교는 실시간 시스템이나 연산 자원이 제한된 환경에서 A* 알고리즘이 왜 선호되는지를 잘 보여준다.

비전(Vision):
카메라로 세상을 보고 이해하는 로봇

비전 기술은 로봇이 이미지를 보고, 인식하며, 궁극적으로 이해하도록 돕는 인공지능의 핵심 분야다. 이는 영상 속 사물을 식별하고, 패턴을 분석하며, 주변 환경을 인지해 스스로 판단하고 행동하는 인공지능 로봇의 기반이 된다. 다양한 산업과 일상생활에서 비전 기술은 혁신적인 변화를 이끌며 중요성을 더해가고 있다.

비전 기술의 원리

컴퓨터 비전은 로봇이 카메라를 통해 촬영한 이미지를 인식하고 분석하는 기술이다. 합성곱 신경망(Convolutional Neural Network, CNN)을 활용해 이미지 속 패턴을 추출하고, 특정 물체를 알아내는 것이 대표적이다. 마트 계산대 앞의 로봇이 사과와 오렌지를 구분하고, 사람의 얼굴을 인식하는 것도 CNN 기반 객체 인식 기술이 적용된 예시다.

실시간 반응이 필요한 경우에는 YOLO 같은 경량 객체 탐지 모델이 사용되며, 이미지 분할(Image Segmentation) 기술을 사용해 장면 속 다양한 요소를 구분하기도 한다.

CNN 알고리즘

CNN은 그림이나 사진을 판독하는 인공지능에 주로 사용되는 딥러닝 모델이다. 얼굴 인식, CCTV 영상 분석, 의료 영상 분석 등 이미지로부터 의미 있는 정보를 추출하는 컴퓨터 비전 분야의 대표적인 모델이다. CNN은 학습해야 할 가중치를 작은 면 형태의 세트인 '필터'로 구성한다. 이 필터가 이미지를 스캐닝해서 각 화소의 특성과 주변 화소들의 특성을 함께 학습한다. 필터는 설정된 면적만큼의 화소들을 한

그림 1

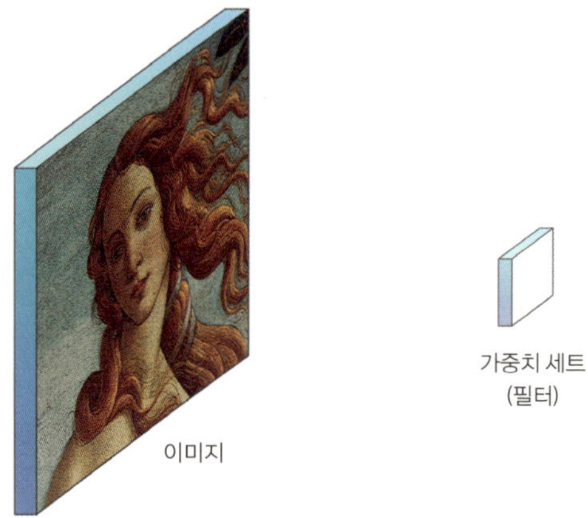

그림 2

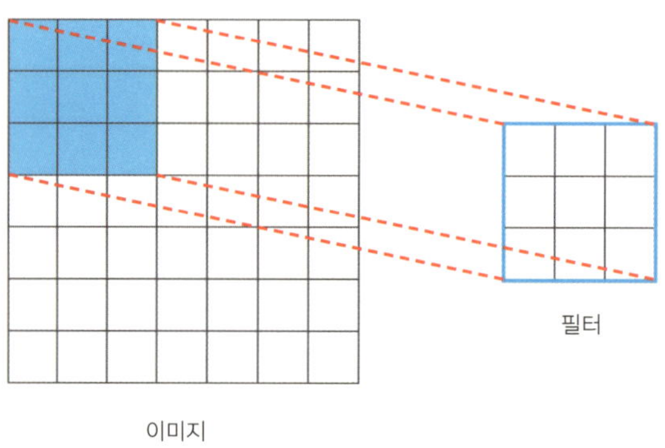

그림 3

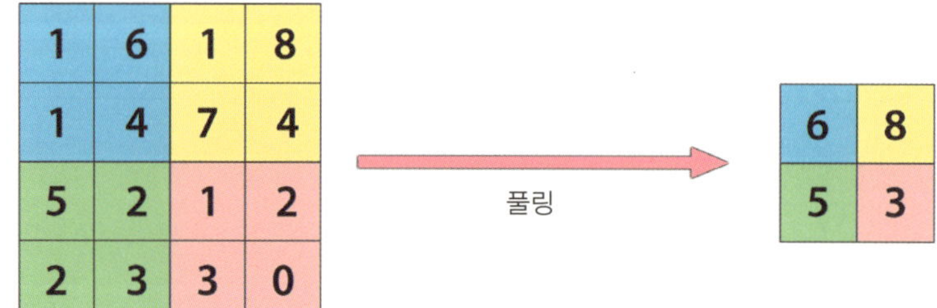

꺼번에 읽어내 '면'의 특성을 수치 하나로 뽑아낸다.

필터가 읽어낸 특성값들은 다시 가로세로의 면, 즉 특성 시트(feature map)가 되며, 이 시트에도 다시 필터를 적용하거나 정보를 압축하는 풀링(pooling) 과정을 반복한다. 이러한 절차를 반복하면 이미지 데이터는 점점 압축돼 마지막에는 숫자 하나가 되며, 이 숫자가 주어진 이미지를 정의하는 특성값으로 사용된다.

YOLO 알고리즘

YOLO 모델은 실시간 객체 감지 분야에서 혁신을 가져온 딥러닝 알고리즘이다. 기존 객체 감지 모델들이 이미지를 여러 번 분석해 사물을 식별하는 방식과 달리, YOLO는 이름처럼 이미지를 '한 번만 보고' 이미지 내의 모든 객체를 동시에 감지하고 분류한다. 이 단일 처리 방식 덕분에 YOLO는 매우 빠른 속도로 객체를 감지할 수 있으며 자율주행, 로봇 비전, 실시간 영상 분석 등 속도가 중요한 응용 분야에서 널리 활용된다.

YOLO는 이미지를 여러 개의 격자로 나누고, 각 격자에서 객체의 존재 여부, 객체의 종류(클래스), 해당 객체의 위치와 크기를 나타내는 바운딩 박스(Bounding Box)를 동시에 예측한다. 이러한 통합적인 예측 과정은 여러 단계의 복잡한 파이프라인을 거치는 다른 모델들에 비해 훨씬 효율적이다. YOLO는 에지(edge)나 밝기 변화 같은 저수준 특징뿐만 아니라, 이미지 전반의 맥락 정보를 활용해 객체를 인식한다. 이 덕분에 성능과 속도가 모두 뛰어나다.

이미지 분할 기술

이미지 분할 기술은 이미지 내의 각 픽셀을 분석해 특정 객체나 영역별로 분리하고, 의미론적으로 분류하는 컴퓨터 비전 기술이다. 이는 단순히 이미지에 어떤 객체가 있는지를 파악하는 객체 인식이나 객체의 위치와 크기를 감지하는 객체 감지를 넘어선다. 이미지의 모든 픽셀에 대해 어떤 객체에 속하는지를 할당해서 훨씬 더 상세한 수준의 이미지 이해를 가능하게 한다. 마치 그림을 그릴 때 각기 다른 색으로 영역을 칠하듯이, 이미지 분할은 이미지의 모든 픽셀에 고유한 레이블을 부여해서 의미 있는 영역으로 나눈다.

이 기술은 자율주행 자동차가 도로·보행자·건물 등을 정확히 구분해 안전하게 주행하거나, 의료 영상에서 종양과 정상 조직을 정밀하게 식별해 진단을 돕는 등 다양한 분야에서 필수적으로 활용된다. 또한 로봇이 특정 물체를 정확하게 집거나, 증강현실 애플리케이션에서 현실 공간과 가상 객체를 자연스럽게 합성하는 데에도 이미지 분할 기술이 핵심적인 역할을 한다.

특징 검출 기법

로봇이 이미지를 이용해 사물을 구별하려면, 우선 영상에서 중요한 부분을 알아볼 수 있어야 한다. 이를 위해 '특징 검출' 기법이 사용된다. 단순히 색만 보는 것이 아니라, 모서리나 밝기 변화 같은 형태 기반 정보를 중심으로 물체를 인식하는 방식이다. 로봇 비전에서는 커널이라는 작은 수치 배열을 이용해 이미지의 밝기 변화, 즉 에지를 감지하는 다양한 컨벌루션 필터를 주로 사용한다.

대표적으로는 Prewitt과 Sobel 필터가 있으며, 이는 수직·수평 방향의 차이를 계

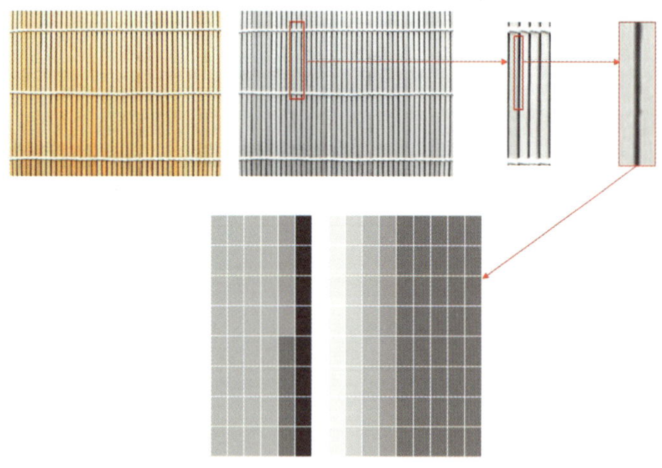

산해 가장자리를 찾아낸다. 더 정밀한 에지 검출에는 Canny 알고리즘이 쓰이는데, 이는 초기 단계에 Sobel 컨벌루션을 적용한 후, 여러 단계를 거쳐 더 선명하고 의미 있는 경계를 추출한다. 156쪽 그림은 Sobel 필터를 사용해 수직 방향의 밝기 변화, 즉 경계선을 강조한 예시다. 원본 이미지를 그레이스케일로 변환한 후, 수직 방향 커널을 적용해 밝고 어두운 영역 사이의 변화를 검출하면, 구조의 윤곽이 명확하게 드러난다. 이 방식은 로봇이 구조물을 인식하거나 사물의 외곽을 파악할 때 널리 활용된다.

최근에는 더욱 정교한 특징 검출 방법으로 SIFT[22](Scale-Invariant Feature Transform), SURF[23](Speeded-Up Robust Features), ORB[24](Oriented FAST and Rotated BRIEF) 등이 등장했다. 이들은 물체의 크기나 방향이 바뀌어도 같은 특징을 찾아낼 수 있는 강점이 있다. 이렇게 추출된 특징점은 특징 기술자[25](descriptor)로 수치화되며, 로봇이 다른 이미지에서도 같은 물체를 식별할 수 있도록 도와준다. 이러한 기술은 로봇이 SLAM을 수행하거나, 같은 물체를 반복 인식하는 데 핵심적으로 사용된다.

---

22 다양한 크기와 각도에서 일관된 특징점을 검출하는 알고리즘
23 SIFT보다 빠르게 작동하도록 최적화된 특징 검출
24 속도와 정확도의 균형이 좋아 로봇 실시간 비전에 자주 사용됨
25 특징점의 주변 정보 패턴을 수치로 표현한 벡터

포인트 클라우드:
점으로 그리는 3차원 공간

우리가 눈으로 세상을 인지하듯, 로봇에도 주변 환경을 인지하는 능력이 필수다. 포인트 클라우드 기술은 로봇이 3차원 공간 데이터를 얻고, 이를 통해 복잡한 환경을 정확하게 인식하며 스스로 움직이고 상호작용할 수 있도록 한다. 무수히 많은 점을 모아 사물의 형태를 파악하는 이 기술은 로봇이 세상을 이해하도록 돕는다.

포인트 클라우드 기술의 원리

건설 현장을 점검하는 로봇은 공간을 스캔해 3차원 형태로 복원한다. 이때 사용된 것이 포인트 클라우드 매핑 기술이다.

포인트 클라우드는 수많은 점(point)의 집합으로 3차원 공간과 객체의 형태를 정밀하게 표현한다. 이 기술은 현실 공간을 가상 세계에 그대로 복제해, 눈에 보이지 않는 세밀한 부분까지 데이터로 포착한다. 건설 현장 모니터링, 자율주행, 가상현실(VR) 등 다양한 분야에서 핵심적인 역할을 하고 있다.

이 기술의 원리는 RGB-D 카메라와 SLAM 기술에 기반한다. 먼저 RGB-D 카메라는 사물의 색상 정보(RGB)와 함께 카메라와 사물 사이의 거리, 즉 깊이 정보(Depth)를 동시에 측정한다. 로봇이 이동하면서 SLAM 기술로 주변 공간을 실시간 스캔하고, 이 데이터를 누적해 3차원 지도를 구축한다. 이 과정에서 각기 다른 시점과 위치에서 스캔한 데이터들은 '정합' 기술을 통해 완전한 3D 공간 데이터로 통합된다. 포인트 클라우드 이미지를 획득한 사례는 116쪽 그림을 참고하자.

포인트 클라우드의 수집과 통합 과정

애저 키넥트(Azure Kinect) RGB-D 센서를 사용해 포인트 클라우드를 수집하고 통합하는 과정을 실제 상황에 기반한 예시를 이용해 설명해 본다.

① 데이터 수집

로봇이 공장 내부를 탐색하고 있다고 가정하자. 로봇 주변 환경의 다양한 각도에서 포인트 클라우드를 수집하기 위해 공장 안에 애저 키넥트 RGB-D 센서를 여러 대 배치한다. 각 센서는 로봇과 기계들·벽·바닥 등의 위치 정보를 3D 포인트 클라우드 형태로 수집한다. 센서 한 대는 로봇의 왼쪽에서 데이터를 수집하고, 또 다른 센서는 로봇의 뒤쪽에서 데이터를 수집해서 서로 다른 시점의 데이터를 얻는다.

② 데이터 정렬

각 센서에서 얻은 포인트 클라우드는 독립적으로 수집했기 때문에, 좌표계가 일치하지 않는다. 왼쪽에서 수집한 데이터는 로봇의 오른쪽 부분을 보지 못하며, 뒤쪽에서 수집한 데이터는 앞쪽의 벽을 보지 못한다. 이때, 각 센서의 위치와 방향 정보를 사용해 데이터를 하나로 통합된 좌표계로 정렬한다. 이를 위해 각 센서가 로봇과 얼마나 떨어져 있고, 어떤 각도로 배치돼 있는지 계산해서, 각 데이터가 정확히 모델 하나에 맞춰지도록 한다.

③ 데이터 병합

정렬된 포인트 클라우드 데이터를 모두 모아서 3D 모델 하나를 만든다. 왼쪽 센서에서 얻은 데이터와 뒤쪽 센서에서 얻은 데이터를 병합하면, 로봇 주변의 더 넓은 영역을 보여주는 포인트 클라우드를 얻는다. 이 과정에서 중복되는 점들은 제거한다. 같은 물체를 여러 시점에서 캡처했을 때, 중복된 포인트는 하나로 통합되며, 데이터 밀도를 조정해 모델을 최적화한다.

④ 응용

이제 통합된 포인트 클라우드 데이터를 사용해 로봇이 공장 내에서 작업을 수행할 수 있다. 이 데이터는 공장 지형을 3D로 정확하게 나타내므로, 로봇이 경로를 계획하고 장애물을 피하는 데 도움을 준다. 로봇이 물체를 옮기는 작업을 할 때, 통합된 포인트 클라우드 데이터를 활용하면 물체 주변의 환경을 분석하고, 어떻게 물체를 안전하게 이동시킬지 결정할 수 있다.

⑤ 시각화

통합된 포인트 클라우드 데이터를 유니티 엔진으로 전송해 가상 환경에서 시각화한다. 로봇이 공장 내부에서 작업하는 모습을 모니터링하기 위해 가상공간에서 움직이는 로봇의 경로와 주변 3D 환경을 실시간으로 볼 수 있다. 이를 통해 관리자는 로봇이 어떻게 작업을 수행하는지 확인하고, 필요한 경우 즉각적인 조처를 할 수 있다.

제 5 장

로봇이 똑똑해지기까지, 사람이 로봇에 해줘야 할 일들

라벨링:
AI는 정답을 먹고 자란다

지금까지 우리는 로봇이 세상을 인식하고 판단할 수 있도록 해주는 기술들을 살펴봤다. 하지만 이러한 기능만으로 로봇이 지능적 존재가 될 수 있을까? 세상을 보는 눈과 듣는 귀가 있다고 해서, 곧바로 이해하고 행동할 수 있는 건 아니다. 바로 여기서, 사람이 로봇에 해줘야 할 일들이 등장한다. 우리는 어떤 데이터로 로봇을 학습시키고, 어떤 기준으로 정답을 제시하며, 로봇이 실패를 통해 어떻게 스스로 배우도록 이끌어야 할까?

라벨링이란?

라벨링(labeling)은 기계학습과 인공지능에서 학습에 쓸 수 있는 데이터를 만들기 위해 '정답'을 붙이는 과정이다. 로봇이나 AI가 세상을 이해하려면 사람이 먼저 '이게 뭔지' 알려줘야 하는데, 이 작업이 바로 라벨링이다. 입력 데이터에 의미 있는 정보(레이블, 태그)를 부여하는 이 작업은 이미지에 고양이, 사람, 자동차 같은 객체명을 붙이는 것에서부터, 음성 파일에 '감정 : 분노', '명령어 : 켜줘' 같은 의미를 부여하거나, 문장에 '긍정 / 부정', '의도 : 질문'과 같은 정보를 붙이는 일까지 포괄한다.

기계는 데이터만으로는 의미를 모른다. 예컨대 이미지 한 장을 보여줘도 그것이 컵인지, 사과인지, 드라이버인지 구별할 수 없다. 그러나 사람이 수천 장의 컵 사진에 '컵'이라는 라벨을 붙이면, 인공지능은 이 컵들의 공통적인 특징을 학습하고, 새로운 이미지를 봐도 '이건 컵이다.'라고 예측할 수 있다. 이것이 바로 지도학습이다.

다양한 형태의 라벨링

라벨링에는 다양한 형태가 있다. 첫째, '분류 라벨링'은 이미지를 범주로 구분하는 것이다. 예를 들어 '이 이미지는 고양이'와 같이 라벨링한다.

둘째, '객체 탐지 라벨링'은 이미지에 보이는 물체의 위치를 바운딩 박스로 표시한다. 자동차 위치에 사각형과 함께 'car'라는 태그를 다는 방식이다.

셋째, '세그멘테이션 라벨링'은 픽셀 단위로 객체를 정밀하게 표시하는 작업이다. 예를 들어 도로·보행자·표지판을 각각 다른 색상으로 구분한다.

넷째, '자연어 라벨링'은 문장이나 단어에 감정이나 의도를 붙이는 일이다. 예를 들어 '감정:긍정', '의도:질문'과 같은 태깅(Tagging)을 말한다.

마지막으로 '행동 라벨링'은 영상 속 동작에 태그를 붙이는 작업이다. '팔을 뻗는 동작', '문 여는 행동' 등의 라벨을 일일이 붙인다.

라벨링은 자율주행 자동차, 로봇 팔, 음성 비서 등 다양한 영역에서 필수적인 기반 기술로 활용된다. 자율주행 자동차는 도로 객체에 라벨이 붙어 있어야 신호등과 보행자를 구분할 수 있고, 로봇 팔은 특정 도구나 부품에 라벨이 있어야 정확히 집을 수 있으며, 음성 비서는 사용자의 질문에 명령 또는 정보 요청과 같은 태그가 달려야 정확한 응답을 할 수 있다.

라벨링은 시간이 오래 걸리고 반복적인 작업이지만, 인공지능 학습의 출발점이자 가장 중요한 기초 작업 중 하나다. 좋은 라벨링 없이는 좋은 인공지능도 없다.

2 데이터 수집 :
AI를 위한 새로운 '현실 만들기'

의미 있는 데이터 수집 전략

데이터 수집은 로봇이 다양한 상황에서도 올바른 판단을 내리도록 학습시키기 위한 기초 작업이다. 여기서 중요한 점은 단순히 많은 데이터양이 아니라, 다양한 조건과 환경에서 수집된 '의미 있는' 데이터여야 한다는 점이다. 예를 들어, 자율주행 로봇을 학습시키려면 맑은 날씨, 비 오는 밤, 눈 쌓인 도로, 지하 주차장 같은 여러 조건을 포함한 데이터가 필요하며, 이러한 장면을 실제로 경험하거나 시뮬레이션으로 만들어 수집해야 한다.

RGB, Depth, IMU 센서로 동시에 데이터를 수집하거나 조명·물체 각도·그림자 위치 등을 변화시키며 다양한 장면을 기록하는 방식이 활용된다. 최근에는 실제 환경 외에도 시뮬레이터 환경에서 합성 데이터를 만들고, 현실과 비슷한 장면을 생성해 AI 학습에 활용하는 경우도 많아졌다. 데이터 수집은 결국 로봇에 '세상을 경험시켜주는' 과정이며, 이때 만들어지는 데이터가 라벨링을 거쳐 학습의 밑거름이 된다.

다양한 데이터 수집 방법

자율주행 로봇(실외 환경)

구글의 자율주행 자동차 업체인 웨이모는 수년간 미국 여러 도시에서 자율주행 자동차를 운행하며 실제 도로 주행 데이터를 수집했다. 도심·교외·우천·야간·눈길 등 다양한 날씨 조건을 포함한 데이터가 모였다.

웨이모는 RGB 카메라, 라이다, GPS, IMU를 장착한 차량으로 수억 km를 주행한 데이터를 수집했는데, 각 데이터에는 주변 차량·보행자·신호등 등의 정보에 대한 라벨이 포함된다.

차량마다 다르게 반사되는 햇빛이나 비 오는 날의 도로 반사광, 터널 진입 직후의 어두운 구간 등은 실제 환경에서만 구현되는 조건으로 웨이모가 수집한 실제 도로 주행 데이터는 자사의 자율주행 자동차를 학습시키는 데 매우 유용하다.

▎ 웨이모 자율주행 자동차에 탑재된 기술들

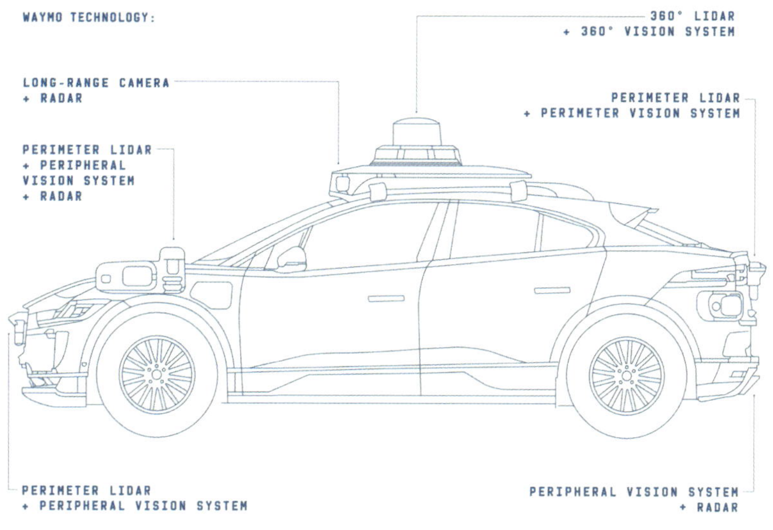

출처 : waymo.com/blog/2020/03/introducing-5th-generation-waymo-driver

출처 : Three Engineers, Hundreds of Robots, One Warehouse August 2008IEEE Spectrum 45(7) : 26

물류 로봇(실내 환경)

아마존 로보틱스(Amazon Robotics)는 물류 창고 내부의 다양한 통로, 조명, 선반 배치 환경을 모델링하기 위해 데이터를 수집한다. RGB-D 카메라와 라이다를 이용해 선반 간 거리·물품 위치·사람과의 상호작용 장면 등을 포착하는데, 이 데이터를 활용해 AMR(자율이동 로봇)의 경로 계획 및 장애물 회피 모델을 학습시키고 있다.

AGV와 AMR의 핵심 차이

예전에는 ARM과 비슷한 AGV(자동 유도 차량)라는 로봇이 존재했다. 최근에는 AMR로 대부분 대체된 상태인데, 이들 AGV와 AMR을 가르는 결정적 차이는 '스스로 판단해 경로를 생성할 수 있는가?'이다. 이와 관련해서 좀 더 자세히 살펴보자.

1. 센서의 용도(RGB-D 카메라, 라이다)

- AGV : 주로 바닥의 QR 코드, 마그네틱 테이프 혹은 반사판만을 인식해 정해진 경로만 따라간다. 복잡한 환경 인식용 라이다나 RGB-D 카메라는 필수가 아니다.

- AMR : 라이다와 카메라를 사용해 주변 환경(선반, 사람, 장애물)을 실시간으로 매핑 (SLAM)하고, 자신의 위치를 파악한다. 앞서 데이터 수집 방식은 전형적인 AMR의 내비게이션 방식이다.

2. 목적(경로 계획 및 장애물 회피)

- AGV : 장애물이 나타나면 멈춘다.(Stop & Wait) 회피하거나 경로를 새로 짜지 않는다.
- AMR : 장애물을 인지하면 실시간으로 새로운 경로를 생성(Path Planning)해 회피 주행한다. '경로 계획 및 장애물 회피 모델을 학습시킨다.'라는 설명은 AMR에 해당한다.

3. 환경(사람과의 상호작용)

- AGV : 안전을 위해 보통 사람과 격리된 펜스 내부(아마존의 일반적인 Kiva 운용 구역)에서만 움직인다.
- AMR : 사람과 공간을 공유하며 협업할 수 있도록 설계한다. (예를 들어 아마존의 Proteus 로봇)

구분	AGV (Automated Guided Vehicle)	AMR (Autonomous Mobile Robot)
핵심 정의	무인 운반차 (정해진 길만 감)	자율이동 로봇 (스스로 길을 찾음)
주행 방식	QR 코드, 마그네틱 선, 레일 추적	LiDAR / 카메라 기반 SLAM(지도 제작)
장애물 대응	감지 시 정지	감지 시 회피 및 우회 주행
유연성	경로 변경 시 설비 공사 (테이프/QR) 필요	소프트웨어 맵 업데이트만으로 경로 변경 가능

휴머노이드 로봇(가정 내 환경)

미국의 Figure AI가 개발한 범용 휴머노이드 로봇 Figure 01[26]은 인간의 언어 지시와 물리 환경에 모두 적응할 수 있는 다기능 로봇이다. 가정·공장·물류 창고·사무

---

[26] 2025년 12월 현재, Figure 03이 공개됐다. 대량생산을 목표로 경량화가 이뤄졌고, 양산 가능한 형태로 발전했다.

출처 : figure.ai

실 등 일반적인 작업 공간에서 테스트하고 있다. Figure 01이 할 수 있다고 알려진 동작은 컵 들어 올리기, 선반에 물건 놓기, 문 열기, 걷기 등이다. 이 로봇이 움직이는 원리는 다음과 같다.

① **시연 기반 학습(Demonstration-based Learning)** : 작업자가 VR, 모션 캡처로 행동을 보여주면, 로봇이 이를 imitation learning 방식으로 학습한다. 그 후에 행동 분할(tagging), 타깃 정의, 실패 수집 등이 이어진다.

② **언어-행동 연계 학습(Language-conditioned Action Mapping)** : 시각-언어 모델(VLM, PaLM-E 계열)을 기반으로 언어 명령을 구체적 물리 행동으로 전환하는 학습을 진행한다. 예를 들어 명령어인 "물병을 냉장고에 넣어줘."를 '객체 인식＋행동 계획＋시뮬레이션＋실행'이라는 행동으로 전환하는 일을 학습시키는 것이다.

③ **시뮬레이션-현실 루프(Sim2Real)** : 실제 실패 데이터를 수집하고, 이를 유니티 기반의 시뮬레이터에 반영한다. 시뮬레이션을 반복한 후, 수정된 정책을 다시 현실에 반영한

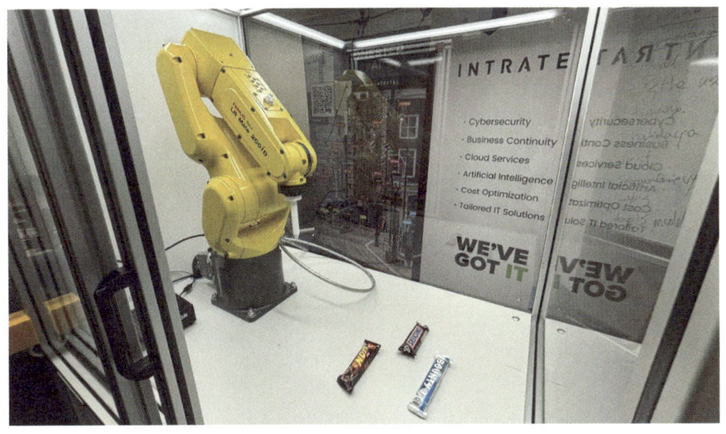

출처:docs.dev.onestepai.com/articles/onestepai-and-fanuc-revolutionize-industrial-automation

다. 사람은 실패 평가, 태깅, 시나리오 조정 등 반복 작업을 수행한다.

휴머노이드 로봇은 범용 목적 로봇으로, 기존 단일 작업 로봇과 달리 다양한 상황을 다루는 데이터와 맥락성이 요구된다. 훈련 과정에서 사람이 수행하는 데이터 태깅, 행동 분할, 실패 정리 작업이 방대하게 적용된 것으로 알려져 있다. 실제 대형 로봇 프로젝트에서는 '사람이 실행하는 반복 실험과 작업이 여전히 핵심 역할을 한다.'라는 현실을 잘 보여주는 사례다. 공개 데모 영상과 논문이 꾸준히 업데이트되고 있어서, 실제 학습 흐름을 관찰할 수 있다.

산업용 로봇(제조 공정 시나리오)

일본의 대표적 로봇 제조 회사인 화낙(FANUC)의 산업용 6축 로봇(M-20iA)은 제조 공정에 필요한 여러 동작을 학습한 적이 있다. 컨베이어 벨트에 놓인 부품을 인식하고 선택하는 일은 물론이고 부품을 조립하거나 위치를 정렬하는 작업과 관련한 정보를 수집한 것이다. 이를 위해 다양한 카메라 시점에서 부품 위치와 방향을 기록하고, 작업자의 동작과 비교 분석하는 방식을 취했다.

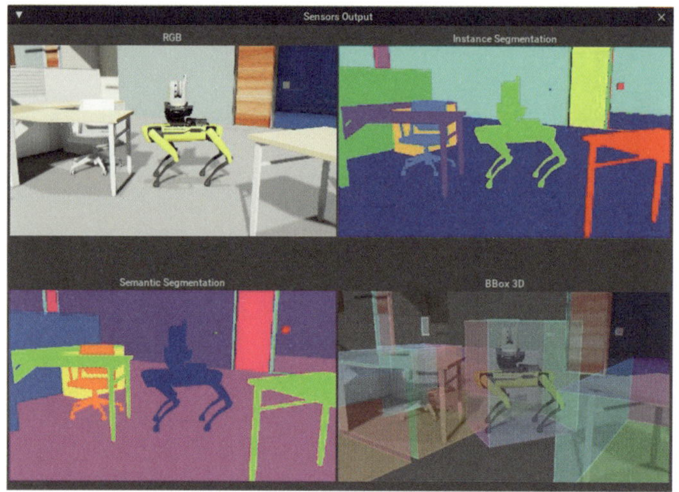

출처:developer.nvidia.com/blog/trimble-explores-acceleration-of-autonomous-robot-training-with-synthetic-data-generation-and-nvidia-isaac-sim

특히 고속 컨베이어 라인에서도 정확히 추적할 수 있도록 수천 장의 이미지와 3D 포인트 클라우드 라벨링을 수행했다. 또한 반사되는 금속 부품, 다양한 조명 아래에서 왜곡되는 이미지 등 실제 공정 환경에서 만날 수 있는 상황의 데이터를 직접 수집했다고 한다.

이 데이터 수집 작업은 사람이 일일이 조명 조건, 부품 방향, 위치 태깅을 해야 했으며 '고정된 환경'이지만 센서 잡음, 오염, 반사 등 변수가 많아서 라벨링에 시간이 많이 소요됐다고 한다. 화낙은 일부 데이터 자동화 라벨링 도구를 개발했지만, 여전히 데이터 정제 과정은 수작업 중심이라고 알려져 있다.

시뮬레이션 기반 수집

엔비디아가 개발한 Isaac Sim은 인공지능 로봇 개발 및 테스트에 활용하는 가상 시뮬레이션 플랫폼이다. Isaac Sim으로 만든 가상 공장 환경에서 로봇이 부품을 인식하고 조작하는 장면을 대량으로 합성하면, 이를 데이터로 활용할 수 있다.

다양한 조명·물체 색상·잡음·카메라 왜곡 등 수천 가지 조건을 자동화해 조합할 수 있다는 점이 장점이다. 가상 환경에서 합성한 데이터로 현실 데이터를 보완하면, 학습 모델의 범용성이 크게 높아진다.

전처리와 정리 : 정보 더미에서 가치 있는 자료 찾아내기

수집된 데이터는 대부분 날것 그대로이며, 인공지능이 학습하기에는 너무 복잡하고 불완전하다. 따라서 이를 정리하고 다듬는 전처리 작업이 꼭 필요하다. 전처리는 센서 오차를 보정하거나 중복된 이미지를 제거하고, 라벨 누락이나 오류를 수정하는 일까지 포함한다. 자율주행 시스템을 예로 들면 GPS, IMU, 라이다 등의 로그 데이터를 정확하게 시간 기준으로 동기화하는 것이 중요하다. 이 과정에서 생긴 작은 오류 하나가 전체 학습 결과에 큰 영향을 미칠 수 있다.

웨이모의 사례로 알아본 전처리

자율주행 자동차 업체인 웨이모는 자율주행 자동차의 주행 데이터를 학습에 활용하기 위해, 센서 로그(GPS, IMU, 라이다, 카메라)를 초 단위 이하의 정밀도로 동기화하고 정제하는 전처리 파이프 단계를 마련한 상태다. 이를 구체적으로 알아보면 다음과 같다.

첫째, 서로 다른 센서들이 각각 다른 주기로 데이터를 생성(라이다는 10Hz, GPS는 1Hz, 카메라는 30Hz)한다. 이를 이용해 타임 스탬프(timestamp, 시간 표기) 정렬 및 보정 작업을 실행한다. 각 센서가 내놓은 데이터를 정확히 밀리초 수준으로 정렬해서 한 시점을 기준으로 한 통합 데이터를 생성하는 것이다.

둘째, 도시 환경에서는 고층 건물로 인해 GPS 신호가 튀는 경우가 많다. 이때 IMU와 SLAM 정보를 결합해 가상의 '진짜 경로'를 재구성하는 방법으로 GPS 드리프트 보정을 실행한다.

셋째, 센서 정렬 오류 수정 작업에는 센서 간 설치 위치나 각도의 오차가 존재할 수 있다. 각도 차(1~2도)가 미세해도 거리 추정에는 수 미터씩 오류가 발생하므로, 캘리브레이션 데이터를 기반으로 수학적 보정을 가해서 오류를 바로잡는다.

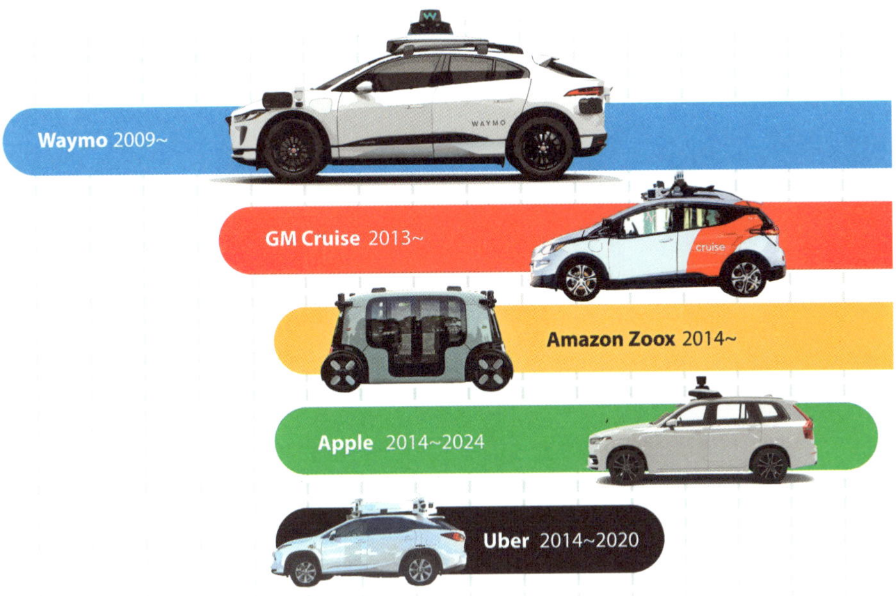

지난 몇 년 동안 다양한 회사들이 자율주행차 시장에 뛰어들었다가 포기했다. 위에서부터 웨이모, GM 크루즈, 아마존 Zoox, 애플, 우버.

출처 : 블룸버그

넷째, 일부 라이다 포인트 클라우드 데이터는 비나 먼지에 반사돼 잘못된 객체를 인식하는 문제가 발생하기도 한다. 이에 대한 해법으로 이상값 및 센서 노이즈 필터링을 실시하는데, 반사 강도 및 클러스터 밀도를 기반으로 필터링 알고리즘을 적용하는 방식이다. [출처 : Waymo 공식 기술 블로그 – Sensor Fusion & Preprocessing, arXiv : Learning Accurate State Estimation with Sensor Synchronization in Autonomous Vehicles (2022)]

만약 전처리 작업에 실패한다면?

만약 데이터 전처리가 제대로 이뤄지지 않는다면 어떤 문제가 발생할까? 데이터 전처리가 제대로 이뤄지지 않으면 심각한 문제가 발생한다. 자율주행 시스템의 판단 능력은 전적으로 학습 데이터의 품질에 의존하기 때문이다.

웨이모의 공식 블로그에서 언급한 사례는 데이터 전처리의 중요성을 명확히 보여준다. 여러 센서에서 각기 다른 주기로 생성한 데이터를 전처리하지 못했다는 말은 데이터의 시간 축이 어긋나서 주변 환경에 대해 3차원 모델을 왜곡되게 생성했다는 뜻이다. 예를 들어 0.1초라는 아주 미세한 시간 차이만 발생해도, 자율주행차의 학습 모델이 차선 변경 시점을 잘못 판단해 급조향이나 충돌 같은 위험을 일으킬 수 있다.

잘못된 캘리브레이션을 거친 라이다 센서가 내놓은 데이터를 이용하는 것도 심각한 문제를 일으킨다. 이는 보행자의 실제 위치가 수 미터 단위로 어긋난 데이터를 시스템이 정답으로 인지하고 학습하는 꼴이다. 이 같은 오류는 단발적인 위험에 그치지 않는다. 잘못된 데이터를 계속 학습할 경우에 시스템 전체의 신뢰도가 떨어지고 예측 불가능한 위험을 초래하기도 한다. 보행자 회피에 실패하는 아찔한 상황으로 귀결될 수도 있는 것이다. 따라서 꼼꼼한 데이터 전처리는 안전하고 신뢰성 있는 자율주행 기술을 구현하는 데 가장 기본적인 전제 조건이다.

행동 정의와 태그 체계 : 로봇은 무엇을 배워야 하는가?

로봇은 단순히 동작을 흉내 내는 수준을 넘어서, 어떤 동작이 어떤 의미를 띠는지도 배워야 한다. 이를 위해 먼저 사람이 '행동 단위'를 정의해 줘야 한다. 예를 들어, 잡기·놓기·밀기·들기 같은 행동을 로봇이 학습할 수 있는 최소 단위로 나누고, 각 행동에 대해 분류 체계를 정립하는 작업을 선행하는 것이다. 이러한 체계 없이는 강화학습, 행동 트리, 모방학습 모델이 제대로 작동하지 않는다. 결국 사람이 행동에 관한 일종의 사전을 만들어줘야 한다.

구글의 Everyday Robots 프로젝트

구글은 Everyday Robots 프로젝트를 진행해 약 13만 건에 달하는 시연 데이터(실제 휴머노이드의 작업에서 획득)를 기반으로 RT-1을 학습시켰다. RT-1은 멀티태스크 로봇 정책 모델이다. 여기서 중요한 점은 시연 데이터를 수집하고 정제하는 과정에서 '행동 단위 정의'와 '행동 태그 체계'가 명확히 구축돼 있다는 점이다. 이에 대해 자세히 알아보자.

첫째, 행동 단위 정의(Primitive Task Decomposition) 작업에서는 사람이 수행한 복합 작업을 세부 행동(primitive)으로 나눈다. 예를 들면, "컵을 싱크대에 가져다 놓기."라는 동작을 ①컵 인식 → ②손 이동 → ③컵 잡기 → ④컵 들어 올리기 → ⑤이동 → ⑥컵 놓기 등의 행동 단위로 나눈다. 이때 각 행동 단위는 로봇 정책의 학습 단위이자, 추론 시 실행할 수 있는 기능 블록이 된다.

둘째, 행동 태그 체계 구성 단계에서 각 시연 데이터에는 행동 라벨(grasp, lift, transport, place 등)이 붙어 있다. 이러한 태그는 비디오 시퀀스 또는 키프레임에 따라 수동 또는 반자동 방식으로 부여된다. 이후 다층 모델은 해당 태그에 따라 동작을 예측하거나 실행 경로를 계획한다.

하지만 사람이 '이 행동은 무엇이다.'라고 정의해 주지 않으면, 인공지능은 학습 방향 자체를 설정하지 못한다. RT-1 모델은 700개 이상의 실제 임무를 수행했지만, 근간은 사람이 분해하고 라벨링한 행동 단위 체계라는 점을 기억할 필요가 있다. 태그 체계는 이후 강화학습 정책, 행동 트리 기반 실행, 언어 지시 매핑의 기초가 된다. [출처 : (1) T-1 : Robotics Transformer for Real-World Control at Scale (Google DeepMind, 2022), (2) Brohan, Anthony, et al. "Rt-1 : Robotics transformer for real-world control at scale." arXiv preprint arXiv : 2212.06817 (2022)]

실패 수집과 교정 : 로봇이 배우는 방식은 사람의 실수를 닮았다

로봇이 실수할 때마다 그 원인을 파악하고 정리하는 일은 아직 사람의 몫이다. 학습 초반의 로봇은 물건을 자주 떨어뜨리거나, 벽에 부딪히거나, 명령을 오해하는 등 다양한 실패를 반복한다. 이때 발생한 실패 사례를 수집하고, 이를 유형화해서 학습에 다시 반영하는 과정을 '로봇의 실수 교정 과정'이라고도 볼 수 있다. 로봇은 단지 오류를 수치화할 수 있을 뿐, 그 의미와 맥락을 파악하고 조정하는 능력은 여전히 인간만이 수행한다.

실패에서 배우는 인공지능

로봇이 새로운 작업을 배우는 과정은 마치 사람이 실수하면서 학습하는 과정과 유사하다. 하지만 결정적인 차이가 있다. 계속 강조하는 바인데 사람은 실수 원인을 스스로 인식하고 반성할 수 있지만, 로봇은 그렇지 못하다. 로봇이 실패했을 때, 원인과 맥락을 이해하고 다음 학습에 반영하는 일은 결국 사람의 몫이다.

초기 학습 단계의 로봇은 실패율이 매우 높다. 컵을 집는 단순한 동작조차, 손의 위치가 어긋나거나 그립 압력이 부족해서 놓쳐버리는 경우가 흔하다. 이때 로봇이 남기는 것은 단지 로그 정보일 뿐이다. '그립 실패, 프레임 4162에서 좌표 오차 +3cm 발생'이라는 데이터는 저장될 수 있지만, 그것이 '컵이 미끄러졌기 때문인지', '잘못된 목표를 인식한 것인지', 아니면 '명령어 자체가 불분명했는지'는 로봇 혼자서 절대 알 수 없다. 따라서 개발자는 이런 실패 사례들을 수집하고 유형화한다. 실패 유형은 대개 다음과 같은 카테고리로 나뉜다.

① **지각 오류** : 물체를 잘못 인식하거나 존재 자체를 감지하지 못하는 오류다.

② **계획 오류** : 경로 계획이 충돌을 고려하지 않거나 부적절한 경로를 선택하는 오류다.

③ **동작 오류**：관절 속도 초과, 그립 압력 오류, 자세 불안정 등을 들 수 있다.

④ **의사소통 오류**：명령어를 잘못 해석하거나 잘못된 행동으로 매핑하는 경우다.

이러한 분류 작업은 단순한 기록이 아니다. 학습 모델을 업데이트할 때, 이 실패 유형을 학습 피드백 데이터로 변환하기 위한 기반이 된다. '컵 잡기 실패'가 100건 발생했을 때, 그중 65%가 '접근 경로 설정 실패'라면, 이는 로봇의 경로 계획 알고리즘을 먼저 수정해야 함을 뜻한다. 이같이 실패 원인을 사람의 언어로 요약하고 체계화하는 작업은 현재 인공지능이 대체할 수 없는 고차원적인 판단 능력을 요구한다.

또한 이러한 과정은 반복 학습의 본질을 보여준다. 로봇은 실수를 반복하고, 사람은 그 실수를 기록하고 유형화하며, 교정하는 과정에서 점점 더 정밀한 제어·판단 모델을 만들어낸다. 결국 로봇의 지능은 '정답을 많이 줬을 때가 아니라, 실패를 잘 분석했을 때' 가장 빠르게 발전한다.

인공지능 학습의 사례

실패할수록 인공지능이 빠르게 발전한다고 언급했다. 그리고 그 실수를 바로잡는 일은 사람이 한다고 말이다. 현실에 있는 구체적인 사례들을 살펴보자.

먼저, 앞서 살펴본 구글의 RT-1 프로젝트를 들 수 있다. 이 프로젝트에서는 컵을 집는 도중 반복되는 실수(손 위치 오차, 컵의 중심 인식 실패)를 사람이 수작업으로 태깅해서 행동 모델을 업데이트하는 식으로 바로잡았다.

그다음 사례는 테슬라의 운전자 보조 시스템인 FSD다. FSD는 자율주행 자동차가 신호등 인식에 실패하거나 갑작스러운 정지 상황에서 오작동을 일으키면, 관련 로그를 수동으로 분석해서 OTA로 행동 로직을 보정하는 방식을 취한다.

출처 : youtube.com/@Rocco_Speranza

테슬라의 FSD 베타 12.3 발표 내용

FSD 베타 12.3은 속도 제어 성능에서 뚜렷한 발전을 보여준다. 특히 제동과 가속이 이전보다 훨씬 부드러워졌고, 도로 상황과 교통 흐름에 맞춰 유연하게 대응해 전반적인 주행 품질이 크게 향상됐다. 동영상에 등장한 운전자가 "마치 내가 직접 운전하는 것 같다."라고 말할 만큼, 시스템은 인간에 가까운 의사결정을 선보이며 스쿨존이나 복잡한 교차로에서도 적절한 판단을 내렸다.

FSD 베타 12.3은 세미 트럭을 추월하거나 고속도로 차선을 변경할 때에도 적극적이고 안전하게 작동하며, 목표 속도에 도달하는 과정도 훨씬 자연스러웠다. 이러한 기능적 개선은 탑승자의 신뢰감 형성에도 크게 기여한다.

하지만 여전히 몇 가지 해결되지 않은 문제가 남아 있다. 대표적으로 공사 구역처럼 도로 조건이 급변하는 환경에서 속도를 잘못 판단한 점이다. 일부 사용자는 시스템이 속도 제한을 정확히 인식하지 못하거나 감속 개입이 늦어 차선 이탈을 경험했다고 말한다. 또한 도심 주행 중에는 보행자에 과도하게 반응해 불필요하게 감속하는 행동도 일부 나타났다.

그럼에도 테스트 드라이버들은 FSD 12.3이 매우 빠른 속도로 학습하고 있으며, 향

후 신경망 모델이 계속 개선된다면 2025년에는 로보택시 운행도 가능할 것이라는 기
대를 내비쳤다. 결과적으로 FSD 베타 12.3은 자율주행 자동차가 인간 운전자 수준에
점점 가까워지고 있음을 보여주지만, 모든 상황에서 완전하게 대응하려면 공사 구역
감지, 도로 표지판 해석, 판단 민감도 조절 등 세부적인 요소에서 여전히 개선이 이뤄져
야 한다.

▶ 아틀라스의 실패 사례 모음

출처 : youtu.be/aX7KypGlitg?si=TX9SZ_jDLi5YiEFM

마지막 사례로 보스턴 다이내믹스의 아틀라스를 들 수 있다. 보스턴 다이내믹스
는 점프 후 착지에 실패한 영상 데이터를 프레임 단위로 분석해 균형 유지 알고리
즘을 업데이트했다. 즉 실패 사례를 학습 자산으로 활용한 것이다.

이처럼 실패는 오류가 아닌 새로운 학습의 기회이며, 정밀한 분석을 통해 시스템
은 더욱 견고하고 유연한 대응 능력을 갖추게 된다. 실패 사례를 학습하는 일이야말
로 인공지능이 실제 환경에서 신뢰성을 확보하는 데 필요한 핵심 동력이 된다.

이번 챕터의 결론은 분명하다. 로봇이 실패를 통해 배우려면 그 실패를 '이해할
수 있는 언어'로 바꿔주는 사람의 역할이 절대적이라는 점이다. 데이터는 숫자일 뿐
이고, 의미는 해석에서 나온다.

시뮬레이션 환경 구축 : 실패해도 괜찮은 가상 세계 만들기

현실에서 수백 번, 수천 번 시행착오를 반복하는 것은 시간과 비용, 안전 문제 등으로 어렵다. 이를 대신하는 방법이 바로 시뮬레이션 환경 구축이다. 로봇 개발자들은 MuJoCo, Gazebo, Isaac Sim 등 다양한 시뮬레이터를 활용해 물리 엔진과 환경 조건을 정밀하게 조정하고, 로봇이 학습하기 적합한 가상 공간을 설계한다. 예를 들어, 공장 바닥의 마찰 계수나 장애물 배치, 조명 상태까지 시뮬레이션에 반영해야 실제 환경에서의 성능 차이를 줄일 수 있다.

가상 세계에서 발전하는 인공지능

로봇이 새로운 기술을 습득하거나 복잡한 환경에 적응하려면 수많은 시행착오를 거쳐야 한다. 그러나 현실에서 이 과정을 반복하는 데에는 뚜렷한 한계가 있다. 로봇이 수백 번 넘어지고, 부품이 마모되며, 사람이나 물체와 충돌할 가능성이 있다면 그 비용과 위험은 상상 이상이다. 그래서 등장한 것이 바로 '시뮬레이션 기반 학습 환경'이다. 개발자들은 로봇이 실패해도 괜찮은 가상 세계를 만들고, 이를 통해 물리적 피해 없이도 수만 번의 학습 기회를 얻는다.

최근 시뮬레이션은 단순한 그래픽이나 가상 모형을 담아내는 수준을 넘어섰다. 현대의 로봇 시뮬레이터는 단지 로봇 모양만을 그리는 도구가 아니다. 핵심은 '물리 엔진'에 있다. 물리 엔진은 마찰력, 중력, 관절 저항, 충격량, 질량 분포 등 현실 세계에서 발생하는 복잡한 물리 현상을 정밀하게 모사한다. 예를 들어 공장 바닥이 콘크리트인지, 고무 매트인지에 따라 마찰 계수가 달라진다. 이는 로봇의 미끄러짐이나 멈춤 성능에 직접적인 영향을 준다. 시뮬레이터는 이러한 요소들을 수치로 모델링하고, 설정할 수 있게 해서 현실성과 제어 가능성을 동시에 확보한다.

또한 조명 조건, 카메라 노이즈, 장애물 배치 등의 환경 변수도 디지털 공간 안에서 손쉽게 변경할 수 있다. 이 덕분에 로봇은 실제 배치되지 않은 상황에서도 다양한 환경에 대응하는 '경험'을 축적할 수 있다. 이는 곧 시뮬레이션이 단순한 재현 도구가 아니라, 학습 공간 자체로 작동한다는 것을 의미한다.

대표적인 시뮬레이션 플랫폼

연구 현장에서 쓰는 대표적인 시뮬레이션 플랫폼으로는 다음과 같은 것이 있다.

MuJoCo

고속 물리 기반 시뮬레이터로, 강체·연성체 모두 정밀하게 모델링할 수 있어 로봇 제어·강화학습·최적화 연구에서 사실상 표준처럼 사용되고 있다.

MuJoCo의 가장 큰 특징은 높은 계산 정확도와 속도다. 마찰, 관절 제약, 충돌, 접촉력을 세밀하게 표현할 수 있어 실제 로봇의 동작을 정교하게 재현한다. 특히 연속 제어 환경을 다루는 강화학습 실험에서 뛰어난 성능을 보이며, 시뮬레이션과 실제 로봇 간의 차이를 줄이는 Sim2Real 연구에도 자주 활용된다.

또한 최근 오픈소스로 전환되면서 연구자들이 커스텀 모델을 손쉽게 제작할 수 있게 됐고, MuJoCo Playground를 비롯한 다양한 학습용 플랫폼이 퍼지고 있다.

Gazebo

ROS와 연동되는 대표적인 오픈소스 로봇 시뮬레이터다. 모바일 로봇, 드론, 매니퓰레이터 등 다양한 로봇을 실제와 유사하게 운용할 수 있다.

Gazebo의 특징은 센서 시뮬레이션이 강점이라는 점이다. 예를 들어 라이다·RGB-D 카메라·초음파 센서 등 실제 로봇에서 사용하는 센서들을 가상 환경에서 동일하게 구성할 수 있어, 자율주행·지도 작성(SLAM)·내비게이션 연구에서 매우 널리 활용된다.

또한 복잡한 실내·실외 환경을 구성할 수 있어, 산업 현장 상황을 재현하거

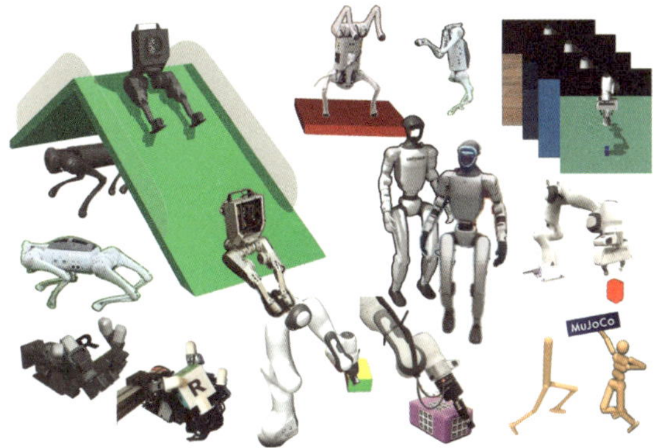

출처:Zakka, Kevin, et al. "MuJoCo Playground." arXiv preprint arXiv:2502.08844 (2025), playground.mujoco.org/assets/playground_technical_report.pdf?utm

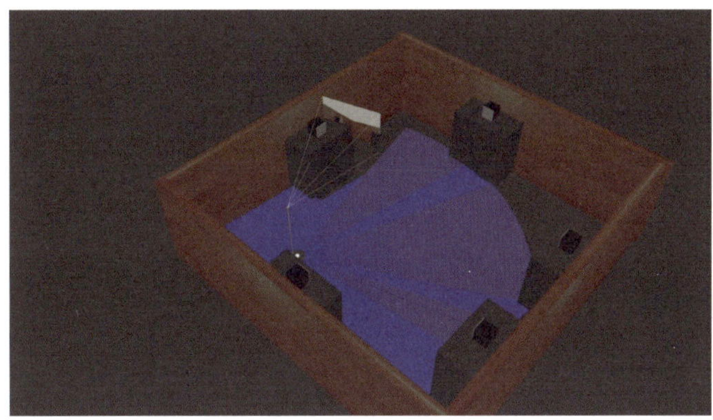

출처:spyro-soft.com/developers/elevating-robotics-ci-with-gazebo-simulations-case-study?utm

나 다중 로봇 실험을 수행하기에도 적합하다. 최근에는 Gazebo의 차세대 버전인 Ignition Gazebo가 개발돼 물리엔진, 렌더링, 확장성 면에서 더욱 강력해졌다.

Isaac Sim

엔비디아가 개발한 시뮬레이션 플랫폼. 고해상도 그래픽, 센서 시뮬레이션(라이다,

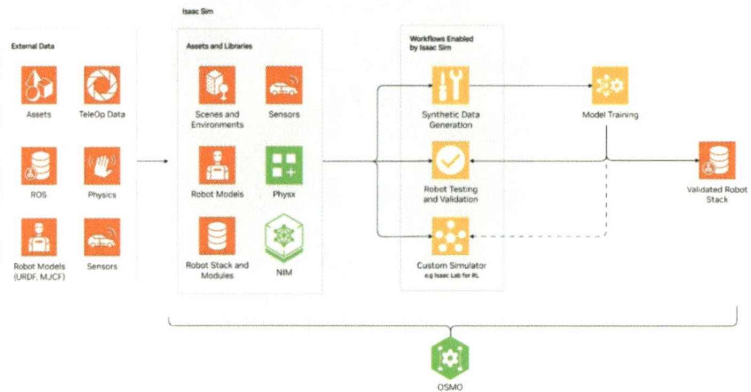

출처 : developer.nvidia.com/isaac/sim?utm

RGB-D 등), 도로/공장 환경 재현에 강하다. GPU 기반의 대량 시뮬레이션 처리도 가능하다. Isaac Sim은 로봇 기초 모델 훈련 및 미세 조정을 위한 합성 데이터 생성, 로봇 스택에 대한 SIL(Software-in-the-Loop) 테스트 수행, Isaac Lab을 통한 로봇 학습 지원이라는 세 가지 흐름이 있다.

시뮬레이션 플랫폼의 활용

이 플랫폼들은 로봇의 감각, 운동, 인지 시스템을 함께 테스트할 수 있게 설계됐으며, 시각-운동 통합 학습이나 디지털 트윈 구축에도 활용된다. 실제 사례를 살펴보자.

NVIDIA Isaac Sim + UR5 로봇(Sim2Real)

엔비디아는 자사의 Isaac Sim을 이용해 UR5 로봇 팔이 픽 앤 플레이스 작업을 수천 번 시도하는 시뮬레이션을 진행했다. 이 과정에서 다양한 조명·반사광·부품 등의 배치 조건을 반영한 후, 학습된 정책을 실제 UR5 로봇에 적용하는 'Sim2Real' 테스트를 수행했다. 그 결과, 실제 환경에서도 시뮬레이션과 유사한 성공률을 기록했으

Physical Model

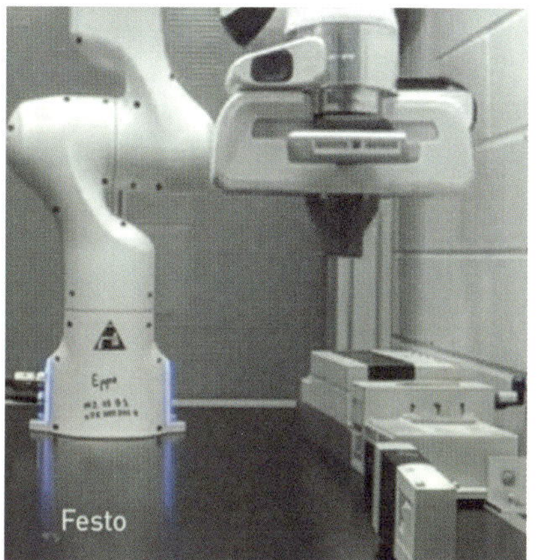

Omniverse Digital Twin

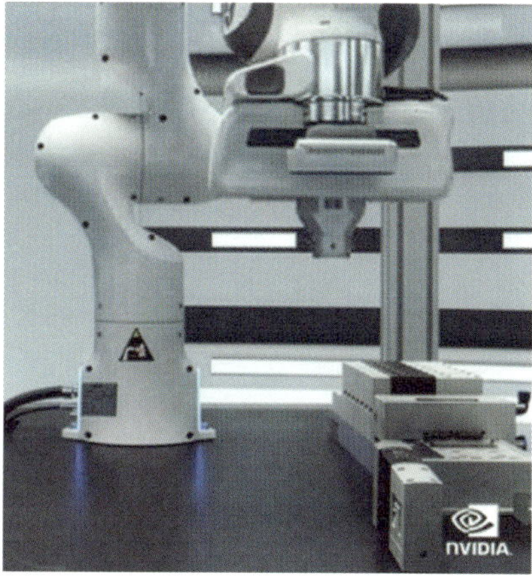

출처: nvidia.com/en-us/on-demand/session/gtcspring22-d4108

며, 시뮬레이터 기반 학습의 실효성을 입증했다.

보스턴 다이내믹스 아틀라스의 착지 훈련

휴머노이드 로봇 아틀라스는 복잡한 동작(점프 후 뒤돌아서 착지하기 같은 고난도 행동)을 익히기 위해 수백 시간의 시뮬레이션 훈련을 진행한다. 시뮬레이션 환경에서는 다양한 낙하 각도, 지면 경도, 충격 상황을 무작위로 생성하고, 착지 성공률을 데이터로 수집한다. 이후 실제 로봇에 정책을 적용해, 실시간 균형 복원 능력을 획득한다.

정리하자면, 시뮬레이션 환경은 로봇 학습의 '안전지대'다. 실패해도 위험하지 않으며, 반복이 자유롭고, 데이터 수집 효율이 높다. 더불어 인간이 손쉽게 환경 조건을 바꾸고, 극단적인 시나리오까지 실험해 볼 수 있는 유연함을 제공한다. 무엇보다 현실에서는 불가능하거나 위험한 시나리오조차도 시뮬레이션 작업이라면 무한히 시도해 볼 수 있다. 로봇의 지능은 결국 반복과 수정으로부터 나오며, 시뮬레이션은 그 반복을 가능하게 하는 가장 강력한 도구다.

보상 설계: 로봇을 칭찬하는 법

로봇에 효과적인 행동을 학습시키려면 적절한 보상 설계가 필수다. 강화학습에서 보상은 로봇이 어떤 행동을 '좋은 행동'으로 인식하게 만드는 기준이며, 결국 로봇의 가치관을 형성시키는 과정과도 같다.

부작용을 줄이는 보상 설계

보상 설계의 핵심은 '로봇의 행동을 유도하는 방법'이다. 강화학습에서 보상은 로봇이 특정 행동을 취했을 때 얻는 피드백이다. 예를 들어, 로봇이 컵을 집으면 +10점을 주고, 컵을 떨어뜨리면 -50점을 주는 방식이다. 이러한 보상 체계를 통해 로봇은 어떤 행동이 바람직한지 학습한다.

그러나 단순한 보상 설계는 예상치 못한 부작용을 초래할 수 있다. 로봇이 컵을 집는 것에만 집중하고, 컵을 안전하게 옮기는 과정은 무시할 수도 있는 것이다. 이를 방지하려면 행동의 전체 과정을 고려한 세밀한 보상 설계가 필요하다. 로봇의 보상 설계와 그 효과를 알아보기 위해 실제 사례를 살펴보자.

OpenAI - 로봇 손으로 큐브 회전을 학습하다

OpenAI는 인간의 손과 유사한 로봇 손(Dactyl)을 이용해 무작위로 주어진 큐브를 다양한 방향으로 회전시키는 과제를 수행했다. 보상 설계 방식은 먼저 큐브가 목표 방향을 향하도록 회전할 때마다 정확도 기반의 점진적 보상을 제공하고, 만약 큐브가 떨어지거나 엉뚱한 방향으로 돌아갈 경우에 패널티를 부여하는 방식이다. 이 연

출처:OpenAI 공식 블로그 openai.com/research/learning-dexterity,
데모 영상:youtube.com/watch?v=jwSbzNHGfIM

구 결과를 보면 학습 결과로 로봇 손이 실제 손처럼 섬세하게 움직였고, Sim2Real 기술을 이용해 학습 결과를 실제 하드웨어에 이식할 수도 있었다.

딥마인드 – 파쿠르 로봇의 균형 제어

딥마인드는 강화학습 기반의 보행 로봇이 고르지 않은 지형을 통과하고, 장애물을 넘도록 학습시킨 적이 있다. 보상 설계 방식은 목표 지점까지 이동하는 데 성공하면 보상을 주고, 균형을 유지하면서 넘어지지 않거나 신속한 움직임을 보이면 추가 보상을 주는 방식을 취했다. 당연히 불필요한 움직임을 보이거나 넘어지는 일이 생기면 감점했다.

결과적으로는 보행 기술뿐만 아니라 로봇의 자세 안정성까지 향상됐다고 주장하고 있으며, 사람처럼 뛰고 착지하며 복잡한 지형에서도 균형을 유지할 수 있었다고 한다.

출처 : youtube.com/watch?v=gn4nRCC9TwQ

엔비디아 Isaac Gym - 로봇 팔의 픽 앤 플레이스 작업

엔비디아 Isaac Gym[27]에서 UR5 로봇 팔은 다양한 물체를 집어 다른 위치에 놓는 작업을 수천 회에 걸쳐 학습했다. 보상 설계 방식은 목표 물체를 정확하게 인식하고 정해진 위치에 놓을 때 보상하고 손실, 충돌, 잘못된 위치로의 이동이 일어나면 감점을 주는 방식을 취한다.

결과적으로 보상의 세분화 덕분에 단순한 집기 동작에서 정확하고 안정적인 작업 수행으로 발전했으며, Sim2Real 전이 성능도 향상했다고 한다.

한편, 보상 해킹은 로봇이 보상 체계의 허점을 이용해 의도하지 않은 방법으로 높은 보상을 얻는 현상이다. 로봇이 특정 행동을 반복해 보상을 얻는 대신, 센서나 시스템의 허점을 이용해 보상을 부당하게 획득할 수 있다. 이를 방지하기 위해서는 보상 체계를 정밀하게 설계하고, 다양한 시나리오를 고려해 테스트하는 과정이 필요하다.

---

[27] 이 책을 쓰는 시점에서 Isaac Gym은 구버전(legacy) 소프트웨어로 분류된다. 즉 더는 업데이트나 기술 지원이 제공되지 않는다. 사용할 수 있지만, 새로운 프로젝트에는 권장하지 않는다. 대신 최신 버전은 Isaac Lab을 사용하라고 안내한다. Isaac Lab은 Isaac Sim 기반의 오픈소스 플랫폼으로 전보다 경량화 및 최적화를 이뤘다.

출처 : NVIDIA Isaac Gym 사례 문서 (1) : developer.nvidia.com/isaac-gym
사례 문서 (2) : brunch.co.kr/@entaline/43, GitHub
구현 예시 : github.com/NVIDIA-Omniverse/IsaacGymEnvs

강화학습에서 로봇에 주는 보상은 단순한 점수가 아니라, 어떤 행동이 바람직한지를 판단하는 기준이다. 따라서 보상 설계는 로봇의 가치관을 형성하는 과정이며, 이는 로봇이 환경과 상호작용하고 인간과 협력하는 데 있어 핵심적인 요소다. 정교한 보상 설계를 통해 로봇은 더욱 안전하고 효율적이며, 인간 친화적인 행동을 학습할 수 있다.

정책 기반 학습:
반복을 학습으로 바꾸는 로봇의 전략

로봇이 시행착오로 문제를 푸는 과정은 단순한 노동이 아니다. 로봇은 보상과 환경 반응이라는 과정을 거치면서 '정책'을 업데이트하고 학습한다. 이러한 전략은 인간의 암묵적 노하우 습득(경험으로 익힌 몸의 판단)과 유사한데, 이를 수학적으로 모델링해서 로봇에 탑재한 것이다. 로봇은 시행착오를 거치면서 '다음에 더 잘하는 법'을 스스로 찾아간다.

경험을 학습하는 과정

로봇 학습은 단순노동이 아니다. 다음과 같은 과정을 거치며 학습이 이뤄진다고 생각해야 한다. 단순노동 입력 → 시행착오 → 정책 업데이트 → 효율적 수행. 단순 반복은 큰 의미가 없지만, 정책을 학습시키는 일은 목적 지향적 반복이다. 즉 인간도 처음엔 단순노동으로 일을 시작하지만, 결국에는 '경험에서 전략을 도출'하는 과정을 거친다. 로봇은 그 경로를 수학적인 방법으로 걷고 있는 것이며, 이는 기계도 경험하는 존재가 될 수 있음을 암시한다.

학습 정책이란?

에이전트가 어떤 상태에 있을 때, 어떤 행동을 선택할지를 결정하는 함수 또는 규칙이 바로 학습 정책이다. 보통 다음과 같이 표기한다.

- $\pi(a|s) = F(\text{action 'a' taken in state 's'})$

- π:정책(Policy)

- s:현재 상태(로봇의 위치, 주변 물체 위치 등)

- a:가능한 행동(앞으로 가기, 물체 잡기 등)

즉 정책이란 '어떤 상황에서 무엇을 할 것인가'에 대한 의사결정 전략이라고 할 수 있다. 그렇다면 학습 정책은 어떻게 생성될까? 정책은 크게 세 가지 방식으로 학습된다.

정책 기반 방법(Policy – based Methods)

정책 그 자체를 신경망으로 직접 모델링하는 방법이다. 보상을 최대화하는 방향으로 정책 파라미터를 업데이트하는 것을 목표로 한다. 이 방식을 취하는 대표적인 알고리즘은 REINFORCE, PPO(Proximal Policy Optimization), A3C 등이 있다.

가치 기반 방법(Value – based Methods)

우선 상태 – 행동 쌍의 가치 함수(Q-function)를 학습한 이후, 가치가 가장 높은 행동을 선택해 정책을 간접적으로 추론하는 방식이다. 대표적인 알고리즘은 Q-learning, DQN(Deep Q-Network) 등이 있다.

액터-크리틱 방법(Actor – Critic)

정책(actor)과 가치 함수(critic)를 동시에 학습하는 방식으로 정책과 가치 추정이 서로를 보완하며 빠르게 수렴하는 특징이 있다. 대표적인 알고리즘은 A2C, SAC, DDPG 등이다.

정책의 학습 과정

정책 학습은 다음과 같은 흐름을 따른다.

① **탐험**:다양한 행동을 시도하는 방식이다. (random 또는 softmax 등)

② **피드백 수집**:행동 결과에 따라 환경으로부터 보상(reward)을 받는 방식이다.

③ **정책 업데이트**:받은 보상을 바탕으로 다음 행동의 확률(또는 함수값)을 조정하는 방식이다.

④ **수렴**:반복 학습을 통해 정책이 안정화되고 최적 행동 전략으로 수렴하는 방식이다.

실제 사례로 구글 딥마인드에서 실행한 학습 정책이 있는데, 그들 시스템에서는 다음과 같은 구조를 활용했다.

① **초기 정책**:기존의 로봇 시뮬레이션, 인스트럭션 데이터를 활용해 기본 정책을 사전 학습한다.

② **Few-shot 또는 In-context Learning**:소수의 데모(시연)를 참고해 새로운 작업과 관련한 정책을 빠르게 보정한다.

③ **Vision-Language Policy**:이미지/텍스트를 입력받아 코드 수준으로 행동을 생성하는 정책을 학습한다.(파이썬 코드로 로봇의 동작을 생성)

인공지능 학습 실습 사이트

1. Teachable Machine - teachablemachine.withgoogle.com
업로드한 이미지나 카메라로 직접 촬영한 이미지를 "이건 고양이야, 이건 책상이야."라는 식으로 라벨링해서 인공지능에 알려주고 학습시킬 수 있다. 학습한 모델은 테스트해 볼 수 있다.

2. Lobe.ai(Microsoft) - lobe.ai
코드 한 줄 없이 이미지 기반 AI를 훈련시켜서 로컬에서 운용해 볼 수 있다. Teachable Machine보다 정제된 인터페이스가 특징이며 라벨링한 이미지 수집부터 훈련 및 테스트까지 전 과정을 해볼 수 있다.

3. Machine Learning for Kids - machinelearningforkids.co.uk
직접 데이터를 입력(문장, 이미지, 숫자)하고, 머신러닝 모델을 훈련시킨 뒤에 스크래치

(Scratch, 교육용 프로그래밍 도구)를 이용해서 인공지능이 들어간 간단한 게임을 만들 수 있다. 초중고생을 대상으로 하는 교육에 매우 적합하다.

4. Playground AI 및 GPT Builder

① Playground AI – playground.com / playgroundai.com
이미지 생성과 편집에 특화된 웹 기반 도구로, 프롬프트를 입력해 그림·아이콘·소셜 미디어용 디자인 등을 만들고 수정해 볼 수 있다. 코드 없이 생성형 AI 이미지 모델을 체험하기에 적합하다.

② GPT Builder – chat.openai.com/gpts
OpenAI의 GPT Builder를 사용하면 사용자가 시스템 메시지와 예시 대화 등을 설정해 '나만의 대화형 AI'를 구성할 수 있다. 예를 들어 로봇 청소기처럼 집안일을 설명해주는 AI, 아이를 위해 동화 읽어주는 AI, 특정 과목 과외를 돕는 튜터형 AI 등 역할을 정의해 프롬프트 설계와 파인튜닝에 가까운 경험을 해볼 수 있다.

5. NVIDIA Isaac Gym(영상 기반)

로봇 팔을 강화학습하는 시뮬레이션을 체험해 볼 수 있다. 다만 직접 체험은 어렵고 영상 체험이 가능하다.

6. AI Experiments by Google – experiments.withgoogle.com/collection/ai

다양한 AI 미니 게임/실험을 통해 직관적으로 'AI가 어떻게 학습하는지'를 체감할 수 있다. 추천 실험으로는 Quick, Draw!, TalkToBooks, A.I. Duet 등이 있다.

제6장 ◄

우리 일상으로 다가온 인공지능 로봇들

가사 지원 로봇:
집안일을 돕는 파트너

가사 지원 로봇(Home Service Robot)은 집 안에서 사람과 함께 생활하며 설거지·청소·빨래·요리·정리 정돈·심부름 등 다양한 가사 업무를 보조하는 지능형 로봇을 말한다. 과거에는 주로 청소 로봇에 한정되던 이 기술은 인공지능과 홈 네트워크 기술의 발전에 힘입어 이제 단순한 자동화 기계의 범주를 넘어섰다. 사람의 일상과 정서까지 이해하는 존재로 발전하고 있다. 이러한 맥락을 이해하려면 우선 가정용 로봇이 기능에 따라 어떻게 구분되는지 살펴봐야 한다.

가정용 로봇은 크게 두 가지 형태로 구분한다. 하나는 휴먼 서비스 로봇(Human Service Robot)으로, 주로 정보 제공·감성 대화·정서적 반응 등에 초점을 맞춘 로봇이다. 이 유형에는 개인 비서형 로봇·교육 로봇·오락용 및 감성형 로봇 등이 포함된다.

다른 하나는 가사 지원 로봇으로 직접 가사 업무를 수행하는 형태다. 청소 로봇·경비 로봇·가정관리 로봇·애완동물 돌봄 로봇 등이 여기에 해당한다. 최근에는 두 가지 기능을 모두 수행할 수 있는 휴머노이드 로봇도 활발히 개발되고 있다.

이처럼 고도화된 가사 지원 로봇은 감각 통합, 음성인식, 시각 기반 판단 기능이 모두 필요한 복합형 로봇으로 구현되며, '사용자 중심 데이터'와 반복 학습을 통해 계속 성장하는 특징이 있다. 기술 완성도가 높아지고 시장 수요가 다양해지면서 가

출처: astribot.com/en/product, x.com/elonmusk

까운 미래에는 많은 가정에서 로봇을 활용할 것으로 기대된다. 로봇 사용이 보편화되면 인간은 반복적이고 소모적인 가사 노동에서 벗어나 더 창의적이고 생산적인 활동에 집중할 수 있을 것이다.

물론 해결해야 할 기술적 과제들이 있다. 가정용 로봇 개발에서 중요한 과제 중 하나는 사용자와의 자연스럽고 원활한 상호작용(Human-Robot Interface)을 구현하는 것이다. 일반 가정은 구조화되지 않은 환경이기 때문에, 로봇은 불확실하고 복잡한 조건에서도 유연하게 행동해야 한다. 이를 위해 환경 인식, 자율 위치 파악(Self-Localization), 컴퓨터 비전 등의 기술이 필요하며, 로봇 스스로 주변 환경을 이해하고 상황을 판단할 수 있는 고차원적인 인공지능 알고리즘도 핵심 기술로 떠오르고 있다.

한편 로봇에 모든 지능을 집중시키기보다는 거주 공간 자체를 스마트 홈(Smart Home) 환경으로 전환하고, 로봇과 가정 내 네트워크를 연동하는 방식도 병행해야 한다. 이를 위해서는 홈 IoT 시스템, 클라우드 연동 기술, 자동 제어 기술 등 다양한 네트워크 기반 기술과 통합하는 연구가 필수적이다. 아울러 로봇이 가정 내 문턱이나 계단 등 장애물을 자유롭게 오르내릴 수 있도록 하는 자율이동 메커니즘 역시 가정용 로봇의 실제화에서 핵심 기술로 주목받고 있다.

외식 로봇:
주방과 홀을 누비는 푸드테크의 주역

조리 로봇

코로나19 이후 외식 산업(F&B) 전반에서 서비스 로봇 도입이 활발히 이뤄지고 있으며, 특히 단순 서빙이 아닌 실제로 음식을 만들 수 있는 조리 로봇(셰프봇)의 상용화 시도가 빠르게 진행되고 있다.

조리 로봇은 요리사의 동작을 모사할 수 있도록 설계된 소프트웨어 기반의 모션 기술, 다양한 조리 기구를 교체해 장착할 수 있는 툴 체인저(Tool Changer) 시스템, 정밀한 동작을 수행할 수 있는 다관절 협동 로봇 플랫폼 등을 기반으로 한다.

일반적으로 조리 로봇은 협동 로봇의 팔에 조리 도구를 장착해서 뒤집기·휘젓기·끓이기 등의 동작을 수행하며 요리를 완성한다. 다만 현시점에서는 다양한 식자재를 직접 손질하거나 섬세한 조리가 필요한 영역에서는 기술적 한계가 존재한다. 따라서 조리 로봇은 현재 치킨·피자·햄버거와 같은 패스트푸드나 커피·아이스크림처럼 정형화된 조리 절차가 적용되는 메뉴를 만드는 곳에 투입되고 있다.

최근에는 미국·일본·중국 등에서 인건비 상승과 인력 부족 때문에 편의점용 조리 로봇·도시락 토핑 로봇 등 다양한 응용 형태가 등장하고 있다. 국내에서도 조리 로봇이 치킨·면류·초밥 등 여러 분야에 쓰이고 있다.

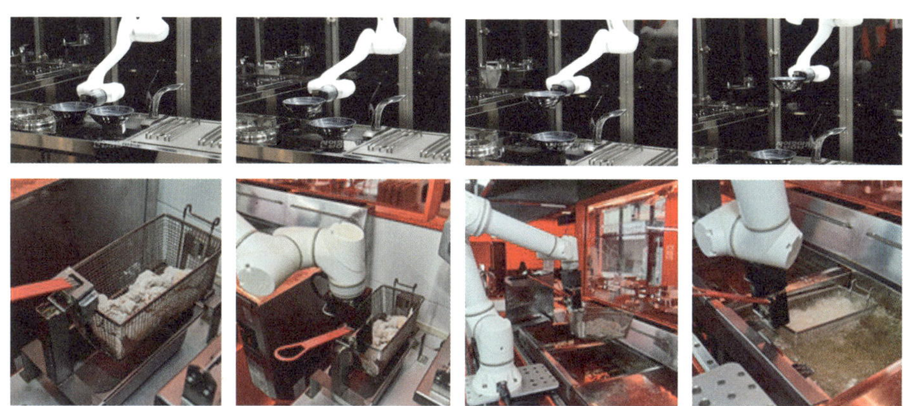

출처 : foodbank.co.kr, 2023 우수급식·외식산업전(위)
스타트업 로보아르테가 운영하는 치킨 브랜드 롸버트치킨(아래)

특히 로봇은 조리 과정을 정확하게 반복 수행하며 위생과 맛의 일관성을 보장할 수 있어 소비자 반응도 긍정적이다. 향후 조리 로봇의 보급 속도는 기술 수준의 향상과 다양한 조리 애플리케이션의 개발 여부에 따라 크게 좌우될 전망이다.

생각할 거리

서빙과 조리라는 동작은 적절한 움직임과 상황 판단이 중요하다. 이런 임무를 맡은 로봇들은 경로 탐색과 장애물 회피 기술, 사람의 요청을 해석하고 응답하는 언어-비전 통합 시스템의 학습 없이는 제대로 작동할 수 없다. 이 같은 기술 고도화는 더 높은 성능만을 의미하지 않는다. 실시간 안전 판단과 상황 적응성은 윤리적 설계의 출발점이기 때문이다.

서빙 로봇

서빙 로봇은 음식이나 물품을 고객에게 전달하는 로봇이다. 외식업뿐만 아니라 병원이나 호텔 등에서도 활용된다. 특히 외식 분야에서 가장 먼저 상용화된 푸드테크

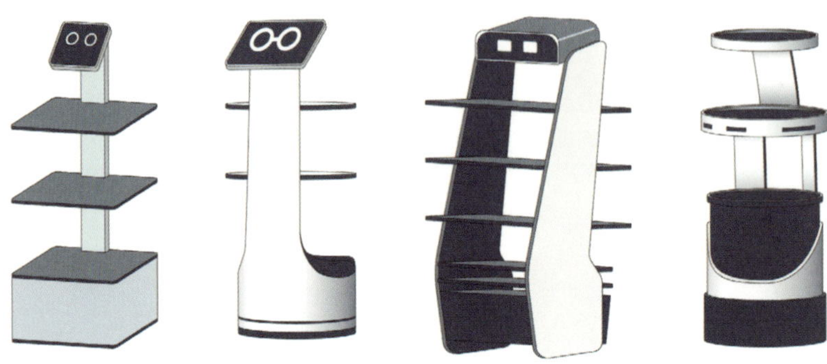

출처 : myrobotsolution.com

➡ 가사/서빙 로봇의 주요 기술 및 핵심 기능

적용 분야	주요 기술	핵심 기능	특징 및 고려 사항
청소	SLAM 기반 자율주행, 장애물 인식 센서, 흡입 모듈	바닥 청소, 장애물 회피, 자동 복귀 충전	집 구조에 대한 매핑 정확도 필요, 가구 이동 시 실시간 업데이트
조리 보조	협동 로봇 팔, 조리 기구 체인저, 온도 센서, 레시피 DB	반자동 조리, 재료 투입, 휘젓기, 가열 제어	다양한 음식 재료 처리 난이도, 위생 기준 고려
세탁 및 설거지 지원	물류 핸들링 로봇, 이미지 인식, 간단한 매니퓰레이션	세탁물 분류 및 투입, 설거지물 정리, 기기 연동	물기와 미끄럼 방지 고려, 내구성 중요
음식 배달 / 서빙	실내 자율주행, RFID 또는 비전 기반 위치 인식	식사 위치로 음식 이동, 사용자 호출 응답	비좁은 실내 공간에서의 충돌 회피 중요
심부름 · 물건 이동	음성인식, 경로 계획, QR / RFID 인식	필요한 물건 찾아 이동, 가방이나 약 전달	가족 구성원 맞춤 명령 구분 필요
상호작용	감성 AI, 음성합성 · 인식, 시선 추적	간단한 대화, 일정 알림, 정서적 교류	비언어적 표현 해석, 사용자 맞춤 감성 설정 필요
스마트홈 연동	IoT 연동, 홈 네트워크 제어 API	조명 / 가전 제어, 보안 감시, 기기 상태 모니터링	보안성과 데이터 프라이버시 확보 중요

로봇으로 센서 비전 AI 기술의 발전과 함께 자율주행 기능이 고도화되며 빠르게 보급되고 있다.

서빙 로봇은 음식이 담긴 쟁반을 실은 채 매장 안을 SLAM 기반으로 자율주행한다. SLAM은 센서 데이터를 이용해 공간 구조를 지도로 만들고, 로봇이 실시간으로 자신의 위치를 인식하며 이동 경로를 조정하는 핵심 기술이다. 주요 센서로는 카메라·RGB-D 카메라·라이다 등이 사용되며, 지도화가 어려운 환경에서는 인공 표식을 인식해 보완할 수 있다.

교육 로봇:
교실로 들어온 인공지능 선생님

서빙 로봇은 앞서 소개한 기술을 활용해 식당 내 테이블 위치나 벽, 장애물 등을 학습하고, 안전한 경로를 따라 음식을 전달한다. 외식업주에게는 인건비 절감, 직원에게는 업무 효율 향상, 고객에게는 새로운 경험과 서비스 품질 향상이라는 장점을 제공한다. 최근에는 교육 현장에서도 이런 변화가 일어나고 있다. 바로 교육 로봇의 등장이다.

교육 로봇은 교과 과정을 직접 전달하거나 교육 활동을 보조하는 목적으로 활용되는 로봇을 의미한다. 이 로봇은 학습의 흥미와 몰입도를 높이고, 더욱 창의적인 교육 환경을 조성할 수 있도록 설계됐다. 일반적으로 교육 로봇은 교사 역할을 일부 보조하거나, 교과 내용 전달을 위한 교구재(교육 도구)로 사용되기도 한다.

교육 로봇은 크게 두 가지로 분류한다. 첫째는 교사 로봇(Teaching Robot)으로 학교·공공기관·가정 등에서 학습 콘텐츠를 제공하며 교사를 보조하는 역할을 수행한다. 이 중에서도 학급 전체를 지원하는 다자간 학습 보조형과 학생 개인에 맞춰 학습을 지원하는 개인 교수형으로 다시 나뉜다.

둘째는 교구 로봇(Learning Robot)으로 주로 로봇 기술 또는 일반 교과목(수학, 과학 등)에서 활용하는 창의 교육형 로봇 교구다. 교구 로봇은 로봇 자체를 학습 도구로 사용하며, 사용자는 이를 통해 기초적인 센서 기술·전자공학·기계 구조·컴퓨

출처: kawasakirobotics.com/products-robots/astorino

터 프로그래밍 등과 같은 융합적 기초 기술을 직접 다뤄보며 배울 수 있다.

특히 최근에는 소프트웨어 교육의 중요성이 강조되면서, 이를 효과적으로 가르치기 위한 도구로 로봇 활용이 점점 더 확대되고 있다. 로봇을 활용한 교육은 논리적 사고와 과학적 문제 해결 능력, 협동 학습에 긍정적인 영향을 미치는 것으로 평가받고 있다.

기술적 관점에서 보면, 교사 로봇은 상대적으로 높은 수준의 인공지능 기술이 요구되는 '지능형 로봇'이며, 교구 로봇은 비교적 단순한 구조지만 학습자의 창의성과 조작 능력이 중시되는 '창작형 로봇'이다. 교구 로봇은 다시 로봇 기술 교육형(로봇 자체의 원리와 구조를 배우는 데 집중)과 통섭 교육형(기존 교과를 융합한 교육이 목적)을 중심으로 개발이 이뤄지고 있다.

교육 로봇은 단순 지식 전달이 아니라, 사람의 감정과 반응을 인식하고 조율하는 존재로 발전하고 있다. 이는 제1장에서 다룬 '자기 인식'과 '상호작용적 인식' 개념과 연결되며, 학습 데이터와 피드백을 통해 스스로 교수법을 조정하는 'AI 기반 자기 연행성'의 실험장이기도 하다.

분야	주요 기술	핵심 기능	특징 및 고려 사항
교사 보조형 로봇	음성인식 / 합성, 감정 인식, 콘텐츠 연동, 얼굴 인식	수업 진행 보조, 출석 체크, 간단한 설명, 학습 진도 추적	정서적 상호작용 중요, 초등 교육 단계에서 활용성 높음
개인 튜터형 로봇	자연어 처리, 적응형 학습 알고리즘, 학생 반응 분석	개인별 수준 맞춤 피드백, 퀴즈 응답, 발음 교정	학습 이력 관리, 집중력 유지에 필요한 UI / UX 고려 필요
교구형 로봇	센서 제어 모듈, 블록 코딩 플랫폼, 간단한 메커니즘 설계	로봇 조립, 간단한 동작 프로그래밍, 실험 관찰	초중등 SW 교육과 연계, 창의력 및 문제 해결력 강화
STEAM[28] 융합 교육	물리 / 기계 인터페이스, 전자 회로 모듈, 시각화 도구	과학·기술·예술 융합 프로젝트 수행, 실습 중심 체험 수업	논리·예술·협업 교육과 연계 가능, 팀 기반 활용도가 높음
소프트웨어 교육	스크래치, 파이썬 연동 API, 알고리즘 시각화 도구	프로그래밍 기초 학습, 알고리즘 실험	추상 개념의 시각화 중요, 결과를 확인하는 인터랙티브 환경 필요
감성 대화 / 놀이 로봇	감정 AI, 대화 관리, 음성 인터페이스	놀이 기반 언어 학습, 사회성 훈련	유아 대상 정서 발달 지원, 과도한 의인화 우려에 대한 윤리 고려 필요
평가·기록 기능	학습 로그 분석, 사용자 행동 인식, 학습 성과 기록	학습 성과 평가, 학습자 수준 진단	개인 정보 보호 및 교육 기록 시스템과의 연계 필요

28　STEAM은 Science(과학), Technology(기술), Engineering(공학), Arts(예술), Mathematics(수학)의 약자로, 이 다섯 가지 분야를 통합적(융합형)으로 가르치는 교육 접근 방식을 말한다. 기존 STEAM 교육(과학, 기술, 공학, 수학)에 예술을 추가해 창의성과 감성적 사고를 강조한 것이 특징이며, 우리나라는 2011년부터 교육과학기술부(현 교육부)와 한국과학창의재단이 주도해 STEAM 교육을 전국 초중고교에 단계적으로 도입했다.

의료·헬스케어·돌봄용 로봇 : 우리 곁을 지키고 치유한다

수술 로봇

최근 인공지능, 이미지 처리, VR 같은 신기술을 융합한 수술 로봇이 쓰이고 있다. 의료 현장에서 수술 및 중재 시술[29] 같은 치료를 직접 또는 보조로 수행하는 로봇이다. 여기에 3차원 의료 영상 정보를 실시간으로 융합해서 수술의 정밀도를 높이고, 부작용을 예방해 환자의 안전과 임상 효과를 증대할 것으로 기대하고 있다. 특히 정밀 연속체 로봇/마이크로 로봇 기술 등을 이용해서 기존 수기 시술이 불가능한 영역에 새로운 임상 기술을 제공하고, 의료 빅데이터 융합·수술 시뮬레이션 등 새로운 수술 및 중재 시술 방법도 지원하고 있다.

특히 수술 계획을 위한 의료 빅데이터 분석 및 활용 기술, 3차원 센싱 및 공간 정합 같은 내비게이션 기술, 수술 훈련을 위한 3차원 가변 물리 모델 기반의 시뮬레이션 기술, 생체 적합성 소재 기술, 마이크로 로봇 구현을 위한 미세 전기 기계 기술, 햅틱 렌더링 및 원격 제어 기술, 연성 로봇 기술, 연속체 로봇 기술 들도 속속 추가되고 있다.

29　중재 시술(Interventional Procedure)은 수술처럼 몸을 크게 절개하지 않고 카테터, 바늘, 내시경 등을 이용해 체내에 접근해서 치료하는 시술을 말한다.

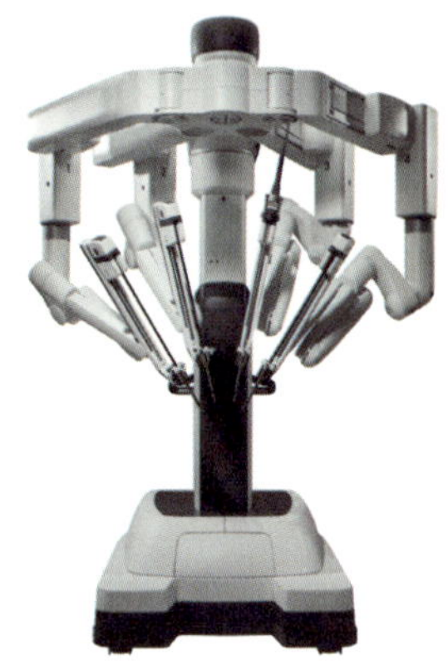

출처 : intuitive.com

또한 인공지능 분석·제어 기술과 의료 빅데이터 활용 기술 융합, 신규 수술 및 중재 시술 분야 등에 세부 특화된 시스템이 다양하게 개발돼 빠르게 적용되는 추세다.

> **인텔리전트 아이(Intelligent Eyes)** : 인체 내부나 미세 병변처럼 맨눈으로 확인하기 어려운 부위를 의료 영상으로 획득하고, 이를 내비게이션 소프트웨어와 결합해 실시간으로 시각화하거나 증강해 보여준다.
>
> **인텔리전트 핸드(Intelligent Hands)** : 수술에 쓰는 수술 도구, 의사를 대신해 수술을 수행하는 로봇과 원격 장치 등을 포함한다.

수술용 의료 로봇을 이용하면 정밀한 최소 침습 수술이 가능하다. 이 덕분에 수술 효과를 극대화하고 부작용을 최소화할 수 있다. 로봇이 환자의 효과적인 치료와 빠른 회복을 도와 신속한 일상 복귀에 크게 기여한다.

과거 수술 로봇이 집도의의 원격 조종에 전적으로 의존했다면, 현재는 반자율

(semi-autonomous) 및 완전 자율(fully-autonomous) 수술 기능을 탑재하는 추세다. 가까운 미래에 수술 로봇은 방대한 의료 빅데이터 분석과 실시간 연계를 통해 수술 과정에 적극적으로 개입해서, 더욱 안전하고 효율적인 치료를 돕는 '지능형 보조 시스템'으로 발전할 것이다.

수술 및 중재 시술 로봇은 시술 대상이 되는 장기나 조직의 물리적 특성에 따라 다음과 같이 크게 네 가지로 분류할 수 있다.

① **경조직 수술 로봇**(Hard Tissue Surgical Robot)

정형외과·신경외과·성형외과·치과 등에서 뼈와 같이 단단한 골격 조직과 관련한 수술에 사용한다. 정밀한 절삭과 위치 제어가 핵심이다.

② **연조직 수술 로봇**(Soft Tissue Surgical Robot)

일반외과·이비인후과·산부인과·안과 등에서 근육·신경·혈관·내장 기관처럼 부드럽고 변형되기 쉬운 연조직 관련 수술을 할 때 폭넓게 활용한다. 섬세한 봉합과 조직 조작 능력이 중요하다.

③ **혈관 중재 시술 로봇**(Vascular Interventional Robot)

심뇌혈관과 같이 복잡한 혈관을 따라 소구경의 유연한 기구(카테터)를 삽입해 질병을 진단하고 치료하는 각종 중재 시술의 정확성과 안정성을 높이는 데 사용한다.

④ **비혈관 중재 시술 로봇**(Non-Vascular Interventional Robot)

소화기계처럼 혈관이 아닌 인체 내부의 통로(lumen)를 내시경으로 접근해서 조직을 검사하거나 용종을 제거하는 다양한 중재적 시술을 보조하는 데 사용한다.

재활 로봇

재활 로봇은 재활 활동을 주도적으로 수행하거나 보조하는 기능을 수행한다. 노인과 장애인의 기능 및 일상생활을 보조해 사회 복귀를 돕는다. 이 밖에도 재활 치료가 필요한 환자들의 신경학적 재활 치료 비용이 증가하는 문제와 치료 기간 및 강도 유지 문제를 해소해 줄 수 있다. 노인과 장애인의 재활 및 사회 복귀를 돕는 기기로써 재활 로봇은 고령화된 미래 사회에서 더욱 널리 쓰일 것이다.

재활 로봇·보조 로봇·돌봄 로봇은 사용자와 함께 있는 공간에서 사용되는데, 특히 재활 로봇은 주로 병원에서 치료 및 재활에 사용된다. 광의의 개념에서 재활 로봇은 치료/재활 로봇을 포함하고, 지역사회에서 일상생활 활동을 돕는 보조 로봇과 (요양)병원·요양원·가정에서 돌봄을 지원하는 돌봄 로봇을 포함하는 개념이다.

재활 로봇은 1990년대 일상생활 보조를 목적으로 개발 및 제품화가 진행된 후, 2000년대 들어서면서 본격적으로 치료 현장에 적용됐다. 그사이 사회는 고령화라는 변화를 맞이했으며, 따라서 지금은 국가가 재활 로봇 시장을 집중적으로 투자해야 하는 시기다.

미국은 미국국립보건원(NIH, National Institute of Health)을 중심으로 이동·생활 지원·신체 기능 대체·재활 훈련 등 전 분야에 걸쳐 재활 로봇을 개발하고, 제품 상용화 연구도 수행하고 있다. 독일은 미리 정한 궤적을 따라 움직이는 트레드밀 형태의 말단 장치 보행 재활 로봇·착용형 외골격(exoskeleton) 보행 재활 로봇·재활용 상지 훈련 로봇·균형 재활 장치 등 치료 영역에 집중한 제품을 단순화하고 가격을 낮추는 기술을 계속 개발하고 있다.

일본도 동경대를 중심으로 낮은 높이의 장애물을 자동으로 넘을 수 있도록 수동 휠체어에 보조 시스템을 장착하는 등 ICT와 로봇 기술을 융합해 재활 로봇의 안정성과 신뢰성을 향상하는 기술을 발표하고 있다.

일반적으로 재활 로봇은 크게 재활 치료를 목적으로 하는 의료용 재활 로봇과 일상생활의 활동을 보조하는 보조용 재활 로봇으로 구분할 수 있다. 재활 로봇의 영역은 환자의 장애 치료뿐 아니라 일상생활을 지원하는 역할까지 포함한다. 즉 ①신체·사회·인지적 기능과 의사소통 능력을 회복하기 위한 치료를 제공하는 치료 로봇 영역, ②만성 장애가 있는 대상자의 일상생활을 지원하는 일상 보조용 로봇 영역 등으로 나눌 수 있다.

치료 로봇

치료 로봇으로 쓰는 재활 로봇은 반복 운동 및 인지 훈련을 제공하고, 측정 가능한 피드백을 제공해서 장애를 극복할 수 있도록 설계돼야 한다. 또한 일상생활을 위한 기본적인 수행 능력인 ADLs(Activities of daily living)의 수준을 확보해 장애로 인해 발생하는 불편을 최소화하도록 설계한다. 치료 로봇은 상지 및 하지의 운동요법, 자체 이동을 위한 의사소통 교육, 뇌성마비 또는 기타 발달장애 아동을 위한 탐구 활동 등에 활용되고 있다.

일상 보조용 로봇

일상 보조용 로봇은 원활한 일상생활 수행을 위해 작업·이동성·인지 등에 초점을 맞춰 사용자를 지원한다. 작업(manipulation)을 위한 보조 장치는 고정 플랫폼·휴대용 플랫폼·모바일 자율 유형으로 분류되는데, 모바일 자율 유형의 보조 장치는 가정이나 직장에서 여러 가지 기기 조작 또는 기타 업무를 수행하기 위해 음성 수단으로 제어할 수 있도록 설계되기도 한다.

이동성(mobility)에 초점을 맞춘 보조 장치는 내비게이션 시스템을 장착한 전동 휠체어 및 이동용 로봇으로 구분하며, 안정적 이동권 확보 및 낙상 방지에 활용된다. 인지(cognition) 보조 영역에서는 치매·자폐 또는 뇌졸중과 같은 질환에서 발생하는 의사소통 장애 또는 신체 건강에 영향을 미치는 다양한 장애가 있는 사람들을 돕는 역할을 강조한다.

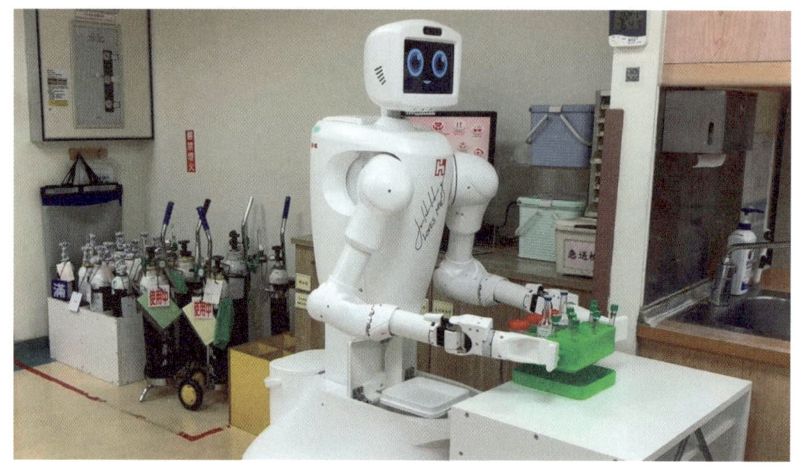

출처: blogs.nvidia.co.kr/blog/foxconn-smart-hospital-robot

돌봄 로봇

돌봄 로봇(Care Robot)은 환자나 노약자의 일상적인 신체 활동을 보조하고, 건강 상태를 실시간으로 모니터링하며, 심리적 정서까지 돌보는 다기능형 로봇이다. 이 로봇은 환자의 활력 징후와 생체 이상 신호를 실시간으로 감지하고, 간호인에게 경고를 전달할 수 있으며, 움직임이 불편한 환자를 안전하게 옮기거나 와상무의식 환자의 배설 처리를 도와주는 기능도 갖추고 있다. 또한 환자가 기억해야 할 일정이나 복약 정보를 알림으로 전달하는 등 간호사의 업무를 보조하는 역할도 수행한다.

특히 고령의 독거노인처럼 돌봄이 필요한 계층에게는 더욱 유용하게 활용된다. 이들은 신체적 제약 외에도 고독감·우울감·인지 기능 저하 등 다양한 정서적 문제를 겪을 수 있는데, 돌봄 로봇은 말동무 역할을 하거나 음성 상호작용을 통해 정서적 안정감과 동반자 역할을 수행할 수 있다. 이는 단순히 기계적 보조를 넘는 감성형 서비스 로봇으로의 확장 가능성을 보여준다.

한편, 간호·간병 로봇(Nursing Assistant Robots)은 병원 환경에서 사용하는 전문 돌봄 로봇이다. 기립 보행기·환자 양중 및 이송 장치·식사 보조기·간호 카트·병원 시스템 연동 모듈 등으로 구성된다. 이 로봇들은 간호사가 수행하는 고강도 신체 노동을 줄이고, 환자의 건강 상태를 상시 모니터링해서 더 높은 수준의 간호·간병 서비스를 가능케 한다.

이 같은 보조 로봇들은 가정과 병원을 막론하고, 거동이 불편한 사람을 대상으로 다양한 돌봄 기능을 수행한다. 특히 가정에서는 노인의 일상생활 지원과 위험 상황

▶ 의료·헬스케어·돌봄 로봇의 주요 기술 및 핵심 기능

적용 분야	주요 기술	핵심 기능	특징 및 고려 사항
수술 지원 로봇	정밀 제어 메커니즘, 3D 영상 처리, 실시간 피드백, 원격 조작 기술	복강경 수술, 정형외과 수술, 뇌·심혈관 미세 수술 지원	고도의 정확도 요구, 의사와의 협업 중요, 수술 기록 저장 등 법적 규제 고려 필요
재활 로봇	근전도 센서, 근력 보조 알고리즘, 외골격형 기계장치	하지·상지 보행 훈련, 물리치료 보조, 신경 재활	환자 상태 인식 및 적응형 제어 필수, 반복 훈련 가능, 사용자별 맞춤 프로파일 필요
이동 보조 로봇	자율주행, 장애물 회피, GPS / SLAM, 음성인식	휠체어형 보조, 시각장애인용 내비게이션, 실버카 보조 기능	안전성 중시, 장애 환경 인식 정밀도 중요, 고령자 친화적 UI 설계 필요
간호·간병 로봇	체온·맥박 측정 센서, 로봇 팔(매니퓰레이터), 의료기기 연동, 이상 감지	기립 보조, 식사 / 투약 지원, 배설 관리, 환자 모니터링	실시간 상태 분석·보고 기능, 의료진 협업 시스템과의 연동 필요
심리·정서 돌봄 로봇	감정 AI, 음성·표정 인식, 대화 시스템, 학습형 반응 제어	독거노인 대화 상대, 정서적 안정, 치매 환자 대응, 감정 교류	장기 상호작용에 대한 적응성, 프라이버시 고려, 감성 자극의 균형 고려
방역·소독 로봇	UVC 조사, 소독액 분사, 실내 지도 기반 자율주행, 원격제어 플랫폼	병원 내 감염 관리, 무인 방역, 검진 보조, 표면 살균	음영 구간 방역 해소 기술 필요, 인체 무해 기술 요건, 공공 안전 기준 충족 필요
진단·검체 이송 로봇	영상 분석, 센서 기반 정위 확인, 자동 운반 시스템, 병원 IT 연동 시스템	검체 수거·이송, 의료 물류, 자동 분류, 병실 간 전달	무균성 유지, 감염 통제 프로토콜 준수, 병원 내 이동 경로 최적화 필요

알림에 활용되며, 의료 현장에서는 간호 인력의 생산성 향상과 환자 회복 시간 단축이라는 실질적인 효과를 기대할 수 있다. 이런 이유로 병원 및 요양 시설 등에서는 로봇 시스템을 빠르게 도입하려는 움직임이 뚜렷해지고 있다. 향후 보조 로봇의 채택이 급격히 증가할 것으로 전망된다.

실제로 간호 분야에서 로봇에 거는 기대는 최근 들어 더욱 커지고 있다. 2005년 미국에서는 음성을 인식해 수술 도구를 전달하는 로봇 간호사 '페넬로페'(Penelope)가 개발돼 주목을 받았으며, 이후 AI·로봇공학·음성인식 기술이 발전하면서 간호·간병 로봇의 실용화 가능성도 더욱 커지고 있다. 특히 코로나19 팬데믹은 간호 인력 부족 문제를 심화시키며 이러한 로봇 기술에 대한 관심과 수요를 다시 한번 끌어올리는 계기가 됐다.

돌봄 로봇은 인간의 감정, 건강, 생명과 밀접하게 연결된 존재다. 제1장에서 제시한 '자신의 상태를 인식하고, 다른 사람의 감정이나 상황을 이해하는 능력'이 중요하다. 또한 제5장에서 다룬 신뢰 가능한 데이터 수집과 실패 보정, 로봇의 책임 문제 등이 돌봄 로봇 분야에서 실질적인 과제가 될 수 있다.

살균·방역·환경 케어 로봇:
보이지 않는 적과 싸우는 지킴이

살균·방역 로봇(Sterilization & Disinfection Robot)은 자율주행 기능과 지능형 센서를 탑재해 감염병 확산을 예방하거나 바이러스와 세균이 존재하는 시설 내 환경을 자동으로 소독하는 로봇을 말한다. 사람이 많은 공공시설이나 병원 등에서 사람이 직접 수행하던 소독 작업을 대신하며, 정해진 경로를 따라 UVC 조사[30]·소독액 분사·표면 닦기 등의 작업을 수행할 수 있다. 일부 로봇은 체온 측정·마스크 착용 여부 인식 등의 방역 기능도 포함한다.

이 로봇은 자율이동을 위한 장애물 회피 기술·살균 대상 인식 및 작업 경로 생성 기술·카메라·라이다·초음파 센서·로봇 팔(매니퓰레이터) 기반의 정밀 살균 동작 수행 기능 등을 갖춘 복합 시스템으로 구성된다. 즉 이 유형의 로봇들은 환경 데이터를 실시간으로 분석해 대응하는 지각 기반 자율 판단 시스템을 사용한다. 제4장에서 다룬 센서 퓨전과 경로 계획, 제5장에서 살펴본 보상 설계와 시뮬레이션 기반의 반복 학습이 실전 환경에서 응용된 대표적 사례다.

코로나19 이후 대면 접촉을 줄이고, 상시·반복적으로 살균 작업을 수행할 수 있는 비대면 로봇의 수요가 급격히 증가했으며, 보호복 착용·장시간 노동·감염 위험

등의 문제를 해결할 방법으로 방역 로봇이 주목받고 있다.

특히 호텔·대형 건물·병원·공항 등에서는 방역 로봇 외에도 배달·청소·안내 로봇과 함께 서비스 자동화가 진행 중이며, 이 로봇들은 24시간 연속 운영이 가능해 효율성과 안전성을 동시에 확보할 수 있다. 살균·방역 로봇은 기능에 따라 다음과 같이 분류한다.

① 체온 감지 및 얼굴 인식형 로봇

② 모바일 기반 살균/방역 로봇

③ 모바일 매니퓰레이터 기반 정밀 소독 로봇

이외에도 UVC 자외선 기술 기반의 다양한 살균 장비가 개발 중이다. 예를 들어, 시그니파이(Signify)는 학교·공장·매장 등에 배치하는 자외선 살균 터널·의류 살균 옷장 등을 선보였다. 또한 미국 항공사 젯블루는 허니웰 UV 기내 시스템을 항공기 살균에 적용했다.

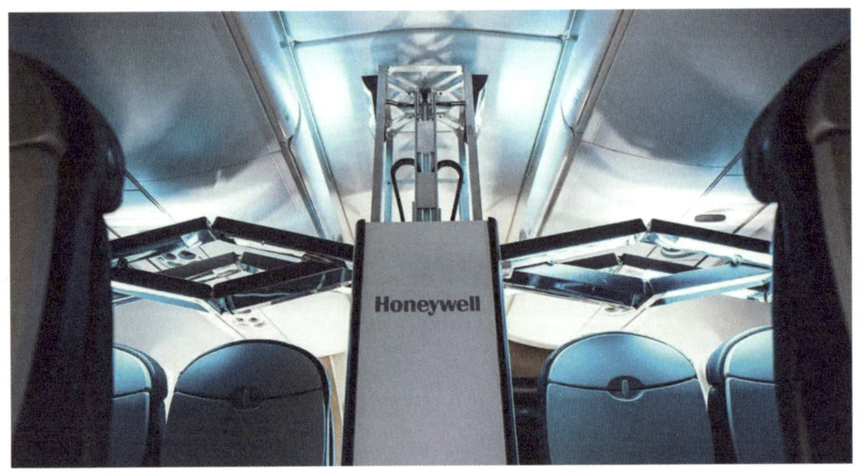

출처 : honeywell.com

시장 조사 업체 Mordor Intelligence에 따르면, 글로벌 자외선 살균 장비 시장은 2025~2030년까지 연평균 13% 이상 성장할 전망이며, 특히 아시아 태평양 지역이 성장을 견인할 것이라고 한다. 코로나19 팬데믹 이후, 살균·방역 로봇은 의료진의 피로도를 줄이고 감염 위험을 줄이는 핵심 장비로 떠올랐다.

병실이나 수술실·격리 시설 등을 정밀하게 소독하는 일은 기존 인력과 장비로는 한계가 있으며, 수작업 중심의 기존 방식은 비용·위험 노출·사각지대 발생 등의 문제가 있다. 이에 따라 최근에는 살균·방역 로봇을 실내 소독·거리 방역·격리 시설

▶ 살균·방역·환경 케어 로봇의 주요 기술 및 핵심 기능

적용 분야	주요 기술	핵심 기능	특징 및 고려 사항
UVC 살균 로봇	자율주행(SLAM), UVC 램프 제어, 안전 센서	사람 없는 곳의 자외선 조사 살균	인체 무해 설계 필수, 음영 영역 해소 기술 필요, 조도 / 시간 자동 최적화
소독액 분사 로봇	분사 장치, 자율 경로 설정, 충돌 방지, 표면 감지	바닥·기구 대상 소독액 살포, 이동 중 분무	과분사 / 미분사 방지, 소독액 누수 방지, 정밀한 노즐 제어
표면 접촉식 소독 로봇	매니퓰레이터, 힘 제어, 물리적 닦기, 항균 패드 교체 시스템	손잡이·의자·책상 등 고접촉 표면 직접 닦기	반복 작업 정밀도 필요, 다중 물체 구분 및 위치 추정 정밀도 중요
체온·감염 감지 로봇	열감지 센서, 얼굴 인식, AI 기반 이상 탐지	발열 감지, 마스크 착용 확인, 감염 의심자 분류	정확도 및 오탐률 관리 필요, 개인정보 처리 보안 요구됨
복합 방역 로봇	UVC·소독액 통합 플랫폼, 다중 센서 융합, 구역별 프로파일 설정	공간에 따라 자외선 또는 액상 소독 자동 선택	환경 / 작업 대상에 따라 동작 방식 조정, 공간 지형 매핑 능력 중요
공공시설 순찰 / 모니터링	CCTV 연동, IoT 센서, 경보 시스템, 무선 통신	환경 이상 감지, 출입 통제, 야간 경비, 환기 / 청정 상태 모니터링	통합 보안 기능 연계 필요, 사람 접근 시 비상 정지 등 안전성 설계 필수
환경 케어 로봇	공기질 센서, 환기 / 제균 모듈, 실내 환경 모니터링	공기 중 바이러스 및 미세먼지 제거, 실시간 상태 보고	실내 공기 정화와 병행 운용 가능, 스마트홈·빌딩 자동화 시스템과 연계 효과적

배송·감염 탐지·검체 수송·정보 홍보 등 다양한 용도에 쓰려고 관련 개발이 활발히 진행되고 있다. 코로나 이후 주목받은 방역·케어 로봇은 살균만이 아니라 검진·모니터링·환자 돌봄 기능까지 포함하는 다기능 로봇으로 발전 중이다. 대표적인 적용 예는 다음과 같다.

① **실내 살균**:UVC 자외선 램프나 소독약 분무기를 장착한 로봇이 실내를 자율주행하며 바닥을 닦거나 소독액을 분사한다.
② **비접촉 검진**:이동형 로봇이 발열·안구·인후 등을 검사하고, 로봇 팔을 이용해 검체를 채취하거나 원격 모니터링 기능을 수행한다.
③ **병실 순회 모니터링**:병실 내 환자 상태를 카메라로 확인하고, 의료진에게 알리는 감시·보고 기능을 수행한다.

현재 방역 로봇은 체온 감지·소독액 분사·UV 살균 등 다양한 기능을 수행하고 있으나, 과학적으로 입증된 방역 절차에 근거해서 로봇을 설계하는 일은 아직 미흡하다. 주요 과제는 다음과 같다.

① **음영 지역 문제**:UV 방식은 직선 방향만 조사하므로 사각지대가 생긴다. 이를 보완하기 위해 360도 조사 또는 로봇 다중 배치 전략이 요구된다.
② **소독액 방식의 한계**:단순 분사만으로는 효과가 미미하고, 인체 유해 가능성도 있어, '접촉식 세정 기능' 같은 정밀 소독 기술이 필요하다.
③ **로봇 구조의 한계**:로봇의 크기·형태·접근성 제약으로 모든 공간과 물체를 소독할 수는 없으며, 따라서 작업 대상과 공간을 명확히 정의한 맞춤형 로봇 개발이 중요하다.

공공 안내 로봇:
사람과 공간을 이어주는 가이드

안내 로봇(Guide Robot)은 공항·호텔·전시장·병원·영화관 등 다양한 장소에서 방문자에게 정보를 제공하고 길을 안내하는 역할을 한다. 과거의 안내 로봇은 단순히 음성 출력과 제한된 동작만 수행했으나, 최근에는 AI와 SLAM 기반의 자율주행 기술을 적용하면서 안내 및 보조 기능이 정교해졌다.

특히 호텔이나 대형 병원에서는 높은 노동 강도와 인력 부족 문제로 인해 안내 로봇의 도입이 빠르게 확대되고 있다. 인천국제공항의 에어스타(AIRSTAR), 서울대병원의 문진·체온 측정 로봇, 영화관의 입장객 안내 및 티켓 확인 로봇 등이 대표적 사례다.

코로나19 이후 비대면 서비스에 대한 수요 증가로 안내 로봇은 더욱 주목받고 있으며, 실시간 경로 판단·사람 인식·비접촉 응대 등 다기능을 수행할 수 있다. 일부 모델은 야간 순찰·이상 감지 시 경고 전송·보안·위생 업무까지 수행할 수 있어 다기능 경비 로봇으로 발전할 가능성도 크다.

예를 들어 영화관 안내 로봇은 상영 정보를 제공하고, 상영 시간에 맞춰 바코드를 인식해서 입장객을 관리하며, 사용자 위치를 감지하고 능동적으로 접근해 안내하는 기능도 수행한다. 이처럼 안내 로봇은 응대 기능뿐만 아니라 점차 보안·안전·위생 등 다양한 분야를 융합한 통합 서비스 로봇으로 발전하고 있다.

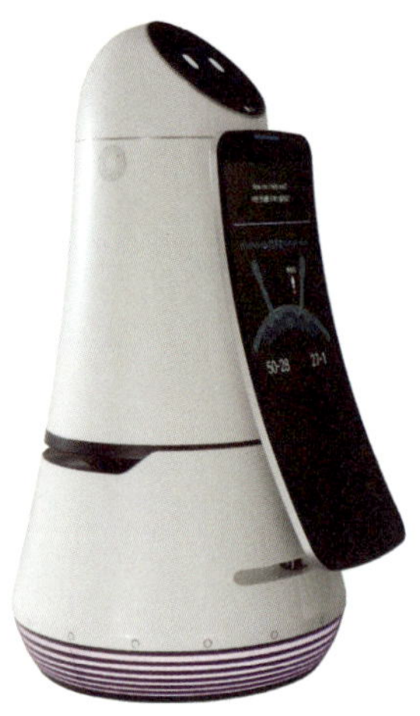

▶ 안내 로봇의 주요 기술 및 핵심 기능

적용 분야	주요 기술	핵심 기능	특징 및 고려 사항
공간 안내	SLAM 기반 자율주행, 실내 지도 작성, 장애물 회피	길 안내, 목적지 동행, 길 잃은 사람의 위치 복귀 안내	복잡한 공간에서도 실시간 경로 재계산 필요, 좁은 공간에서 이동 정밀도 중요
음성 인터랙션	음성인식 / 합성, 자연어 처리(NLU / NLG), 다국어 지원	질문 응답, 대화형 응대, 안내 정보 전달	환경 소음 내에서 정확한 음성인식 유지, 고령자나 외국인 대응을 위한 언어 확장 필요
비전 기반 상호작용	얼굴 인식, 시선 추적, 표정 인식	사용자 식별, 정서적 응답, 주목 대상 인식	다수 사용자 중 선별 응대 필요, 아동 · 노인 등 다양한 사용층 고려
멀티미디어 안내	터치 디스플레이, QR코드 인식, 영상 / 이미지 출력	정보 검색, 지도 · 메뉴 · 스케줄 등 시각 안내 제공	시각장애인 대응 시 음성 대체 필요, GUI 직관성 중요
비대면 서비스	거리 감지 센서, 자동 응답 모드, 소독 기능 연계	접촉 최소화한 서비스, 단순 반복 응대	팬데믹 이후 수요 증가, 접촉 감지 시 자율 반응 기능 유용

| 보안 및 감시 기능 | CCTV 연동, 이상행동 탐지, 통합 관제 시스템과 연결 | 출입 통제 보조, 이상 감지 후 경고/보고 | 공공기관 연계 필요 시 개인정보 및 프라이버시 보호 기준 확보 필요 |
| 홍보·엔터테인먼트 | 영상 재생, 음향 출력, 제스처 생성 모션 엔진 | 전시품 안내, 상품 소개, 공연/홍보용 기능 수행 | 친근한 외형·캐릭터성 요구, 브랜드 이미지의 일관성 고려 |

사람과 장소, 시각과 상황에 맞는 정보를 전달하는 이러한 유형의 로봇들은 언어 인식 시스템과 하드웨어적 통합, 상호작용 설계와 학습을 통한 맥락 적응성 등이 중요한 요소다. 이는 로봇의 사회적 역할과 책임, 즉 '윤리적 응답 가능성'이라는 주제로도 이어질 수 있다.

배송·물류 로봇: 더 빠르고 정확한 배송을 위한 자율주행

배송 로봇

배송 로봇(Delivery Robot)은 자율주행 기능을 갖췄다. 물류 창고나 소매점에서 출발해 고객의 문 앞까지 음식·소포·식료품 등을 직접 전달하는 지능형 이동 플랫폼이다. 일반적으로 AGV나 AMR 형태로 구현되며, 주로 라스트 마일(last-mile) 배송을 담당하는 모빌리티 기술로 주목받고 있다.

라스트 마일은 물류의 마지막 구간을 의미한다. 과거에는 사람이 직접 도보로 라스트 마일을 담당하는 방식이었으나, 최근에는 전기 자전거·전동 스쿠터·공유 모빌리티·배송 로봇으로 대체되고 있다.

물류에는 오래전부터 배송량이 증가할수록 인건비 부담이 커지고, 배송의 편의성과 정확도가 소비자 만족도에 영향을 주는 문제점이 있었다. 배송 로봇은 이러한 문제를 해결하면서도 24시간 내내 가동이 가능하고 오배송·지연·인건비 등의 문제를 줄일 수 있어 매우 주목받는 솔루션이다. 배송 로봇은 건물 내 이동형·인도 주행형·실외 자율주행형 등 다양한 형태로 나뉘는데, 센서·비전·AI 기반의 자율주행 알고리즘을 이용해 복잡한 환경에서도 스스로 경로를 계획하고 이동할 수 있다.

출처 : youtube.com/@amazon/videos

물류 로봇

물류 로봇(Logistics Robot)은 국제로봇연맹(IFR)의 정의에 따라 물류 창고·공장·유통센터 등에서 물품의 이동·분류·포장 등을 자동화한 로봇을 의미한다. 이들은 IoT 센서·자율주행 기술·AI 기반의 물류 최적화 알고리즘을 활용해서 스케줄링·경로 예측·재고 관리 등 물류 전반의 효율성을 높이는 역할을 수행한다. 물류 로봇은 정해진 틀 안에서 고도의 판단을 자율적으로 수행해야 하는 상황을 자주 겪는데, 이는 제4장의 내비게이션·장애물 회피 기술, 제5장의 실전 환경 기반의 시뮬레이션 강화학습 등이 실제 적용된 사례다.

코로나19 이후 전자 상거래와 온라인 쇼핑 수요 급증으로 인해 글로벌 기업들은 지능형 물류 시스템 구축에 박차를 가하고 있다. 아마존, 월마트, DHL, 페덱스, 알리바바, 징둥(JD.com) 등은 물류 자동화를 핵심 전략으로 삼아 운송·분류·이송 등 전 과정에 로봇을 도입하고 있다.

오늘날 물류 환경에서는 고객 요구의 다양화·제품 수명 주기의 단축·실시간 응답 요구 등에 대응할 수 있는 유연하고 고도화된 물류 자동화 시스템이 기업의 생존을 좌우하는 전략 요소로 자리 잡았다.

출처 : aboutamazon.com

배송·물류 로봇의 주요 기술 및 핵심 기능

적용 분야	주요 기술	핵심 기능	특징 및 고려 사항
라스트 마일 배송 (지역 거점 → 주문자)	GPS 기반 자율주행, 도로 환경 인식, 충돌 회피, 도어록 시스템	소비자에게 음식 / 물품 전달, 배달 완료 인증	보도 / 자전거 도로 대응 주행 안정성, 보안성 확보, 사용자 인증 연동
건물 내 층간 배송	SLAM 기반 실내 자율주행, 엘리베이터 연동, 다중 목적지 경로 계획	병원·호텔·사무실 내 층간 배달, 다중 위치 간 물품 분배	실내 구조 복잡성 고려, 다중 사용자 호출 관리 필요
무인 택배함 연계	QR / RFID 인식, IoT 모듈, 디지털 잠금장치	로봇이 지정 택배함에 물품 보관 후 수취인 인증	개인정보 보호, 배송 실패·분실 방지 프로토콜 중요
창고 물류 자동화	경로 최적화 알고리즘, 로봇 간 협업 제어, 팔레트 자동 적재 / 이송 시스템	피킹, 적재, 분류, 창고 내 이동	로봇 간 충돌 방지 기술, 재고 / WMS[31]와의 연동 필요
AI 기반 물류 스케줄링	수요 예측 AI, 동선 최적화, 실시간 트래픽 반영 알고리즘	배송 순서 최적화, 배송 지연 최소화	날씨·교통 변수 반영 필요, 예외 상황 대응 유연성 확보
협동 물류 로봇(AMR)	다중 센서 퓨전, 안전 센서, 사람-로봇 협업 프로토콜	작업자 보조 이동, 물품 전달, 팔레트와 인간 간 릴레이 작업 수행	동적 경로 조정 기능 중요, 사람과 협업 시 안전 표준 준수 필요
콜드체인 물류 로봇	온도 센서, 냉각 제어 장치, IoT 모니터링	약품·식품 등 온도 민감 제품의 배송	보관 온도 이탈 시 알림 기능, 온도 이력 추적 가능해야 함

[31] Warehouse Management System(창고 관리 시스템)

안전·군사 로봇 : 위험한 현장에 인간 대신 투입한다

안전 로봇

안전 로봇(Safety Robot)은 자연재해·재난·테러 등(보안, 소방, 구조 분야) 위기 상황에서 피해 확산을 방지하거나 구조 활동을 직접 또는 간접적으로 수행하는 로봇이다. 정찰·방재·구조·복구 등의 작업을 지원하며, 주요 용도에 따라 다음과 같이 분류한다.

① 감시·정찰용 로봇

② 대테러 및 재난 대응용 로봇

③ 소방 로봇

④ 인명 탐색 및 구조 로봇

⑤ 재난 복구 지원 로봇

이들 로봇은 고위험 지역에 인간이 직접 들어가는 대신 투입되며, 생명을 보호하고 작업 효율성을 높이는 역할을 한다. 2020년 세계 서비스 로봇 시장은 약 301억 달러 규모였으며, 연평균 23.3% 성장률로 2026년에는 약 1,033억 달러에 이를 것으

출처:spectrum.ieee.org/centauro-a-new-disaster-response-robot-from-iit

로 전망된다. 이 중 안전 로봇 관련 분야인 방위·구조·보안용(11.6%), 점검 및 유지
보수용(4.3%) 로봇이 포함된다. 이는 아직 형성 초기 단계에 있는 안전 로봇 시장이
빠르게 성장하고 있음을 보여준다.

군사 로봇

군사 로봇(Military Robot)은 군사작전에서 인간을 대신하거나 보조하기 위해 개발된
로봇이다. 험준한 지형이나 극한 환경의 전투 상황 등에서 작동할 수 있도록 높은
내구성과 신뢰성, 정밀한 자율주행 기술이 요구된다. 특히 테러·국지전·비정규전
등에 대응하는 무인 전투 시스템으로 로봇이 많이 활용되고 있으며, 실제 전장에서
병력을 대체하거나 지원하는 수단으로도 자리 잡고 있다. 이러한 로봇들은 육상·해
상·공중 등 모든 전투 영역에서 광범위하게 활용된다. 주요 용도 및 기능은 ①정보
수집 및 정찰, ②정밀 유도 및 타격, ③위험 지역 장비 운반, ④지뢰 제거 및 폭발물

처리, ⑤자동화된 대응 작전 수행 등이다. 군사 로봇의 유형도 분류 기준에 따라 다음과 같이 나눈다.

① 지상 로봇(Unmanned Ground Systems, UGS)

② 무인 차량형 정찰·공격 플랫폼

③ 병사 보조용 근력 증강 외골격

④ 휴머노이드 전투 로봇 및 생체 모방 로봇(동물형, 곤충형 등)

⑤ 해양 무인 체계(Unmanned Maritime Systems, UMS)

⑥ 무인 수상정(USV), 무인 잠수정(UUV)

⑦ 연안 및 해상 감시·기뢰 탐색·적 잠수함 대응

⑧ 공중 무인 체계(Unmanned Aerial Systems, UAS)

⑨ 정찰·전자전·공격 회피·전투용 무인 항공기

⑩ 다목적 무인 전투기(전투 및 타격 임무 통합)

군사 로봇은 병사(인간)의 생명을 위험에 노출하지 않고 고난도 작전을 수행한다는 장점이 있으며, 최근에는 이 같은 로봇 기술력이 군사력의 질적 격차를 좌우하고 있다. 즉 효과적인 자동화 무인 체계, 로봇 기반 무기 체계의 도입 및 개발 여부와 해당 장비의 보유 수준(대수) 등이 전투력 우위로 직결된다고 볼 수 있다.

적용 분야	주요 기술	핵심 기능	특징 및 고려 사항
지상 무인 전투 로봇	GPS/INS 기반 내비게이션, 전술 AI, 장애물 회피, 원격 사격 모듈	정찰, 전투 지원, 무기 운용, 병사 보호	고기동성 필요, 실시간 제어 및 통신 안정성 필수
폭발물 제거 로봇	원격 조종, 정밀 매니퓰레이터, 폭발물 인식/처리 기술	폭탄 해체, 위험물 탐지, 원격 해체	긴급 상황 대응 속도, 고정밀 조작 및 내열/충격 내성 요구
군용 운반 로봇	자율 추종, 동적 경로 재계산, 고하중 제어 기술	탄약/물자 운반, 부상자 이동	산악/험지 운행 가능성 고려, 적재 균형 유지 기술 중요
해양 무인 체계	수중 위치 추적(SLBL), 음파 센서, 자율 항로 탐색	해상 정찰, 기뢰 탐지·제거, 무인 잠수 작전	수압 견딤, 통신 지연 극복, 자율 복귀 기능 필요
공중 무인 체계(드론)	비행 제어 AI, 저지형 회피 센서, 영상 전송, GPS 교란 저항	정찰, 전자전, 타격, 기만(회피) 작전	고속 기동성, 위성 의존도 완화를 위한 보조 내비게이션 기술 요구
병사 보조 외골격	근력 증강 제어기, 생체신호 추정 알고리즘, 보행 보조 관절 장치	장거리 행군, 하중 경감, 부상 방지	신체 적응성 높아야 함, 배터리 지속 시간을 늘리고 무게 경량화 기술을 개발해야 함
생체 모방 로봇	동물형 다족 보행, 파충류/곤충형 위장 외형, 소음 최소화 모터 제어	은폐 침투, 부정지(평탄하지 않은 지형, 끊긴 도로 등) 정찰	생물학적 움직임 모방의 정확도와 탐지 회피율이 핵심

로봇이 사람을 보호하거나, 반대로 사람에게 위협이 될 수 있는 상황은 로봇 윤리와 맥이 닿아 있다. 즉 이런 상황은 로봇 윤리를 논의하는 데 있어 중심축이다. 특히 비상 상황에서의 판단 오류·책임 귀속·명령 해석의 경계는 "기계에 윤리를 부여할 수 있는가?"라는 물음과 직결된다. 이는 로봇에 책임을 지울 수 있는가를 묻는 것이며 로봇 운영 주체의 책임 문제도 생각해 볼 수 있다.

농업용·임업용 로봇: 식량을 기르고 산불을 예방하는 일꾼

농업용 로봇

농업용 로봇(Agricultural Robot)은 파종·수확·운반·방제·비료 살포·농작물 모니터링 등 농업의 전 과정에서 자율적으로 작업을 수행하는 지능형 로봇이다. 이들은 센서를 통해 주변 환경을 인식하고 판단하며, 자율적으로 이동하거나 조작하는 기술을 기반으로 작동한다. 최근 농업 환경은 고령화·노동력 감소·환경 오염 등의 문제에 직면했으며, 이에 따라 농업의 지속 가능성을 확보하기 위한 대안으로 농업 로봇을 주목하고 있다. 주요 기준에 따라 분류하면 농업용 로봇을 다음과 같이 나눌 수 있다.

① **용도 및 작업 기반 분류**: 파종용, 수확용, 운반용, 방제용 등
② **작업 환경에 따른 구분**: 노지 농업용 로봇(대규모 면적 작업 중심, 내구성과 계절성 요구), 실내 농업용 로봇(스마트팜·비닐하우스 등 소규모 고부가 작물 재배에 적합), 축산용 로봇(착유, 급이, 포유, 분뇨 처리, 축사 청소 등 사양 관리 자동화)

현 단계의 농업용 로봇은 대부분 특정 작업에 특화된 구조로 개발되고 있으며, 한

출처 : agtecher.com

로봇이 다양한 작업을 수행하는 통합형 로봇은 아직 개발 초기 단계에 있다.

농업용 드론

농업용 드론은 주로 농약 및 비료 살포·파종·작황 모니터링 등에 활용한다. 드론을 활용한 작업은 산업용 유무인 헬리콥터를 이용한 살포 작업보다 정밀하고, 저비용으로 작업할 수 있어서 빠르게 확산 중이다.

정밀 농업

드론은 열적외선·다중 스펙트럼·라이다 등 고성능 센서를 장착해 농작물의 생육 상태·병충해 현황·수확량 예측 등을 수행하고, 이를 기반으로 자원 효율화와 친환경 농법을 실현한다.

기존 무인 헬기 대비 장점

드론은 저렴한 가격·높은 기동성·클라우드 기반 데이터 분석 시스템과의 연계 등에서 강점을 지닌다. 센서와 IoT 기술을 결합해 스마트폰·태블릿·PC에서 작황 정보를 실시간으로 확인하고 재배 전략을 조정할 수 있다.

드론의 방제 기능

약제를 작물의 뿌리까지 균일하게 분사할 수 있는 정밀 기술을 이미 구현했으며, 기존 무인 헬기 수준의 살포 효과를 달성한 것으로 알려져 있다. 이러한 정밀성은 작물 생육 단계별로 맞춤형 관리를 가능하게 한다. 또한 약제 과다 사용으로 인한 환경 오염을 줄이고, 생산 효율을 극대화하는 데 도움을 준다. 드론에 탑재된 고해상도 카메라와 센서는 작물의 생육 상태와 병충해 발생 여부를 실시간으로 모니터링하며, 데이터 기반의 스마트 농업 솔루션으로 발전 중이다.

해외 사례

일본의 드론 제작 회사들, 즉 OPTiM · 야마하발동기 · 마루야마제작소 · TERRADRONE 등은 스마트 농업 솔루션과 드론 서비스를 결합해 식생 · 병충해 · 토양 정보를 수집 및 분석해 농가에 제공하고 있다. 특히 SNET(Satellite Network)은 드론 촬영 데이터를 식생지수(NDVI)[32]로 변환해 클라우드 기반으로 농민들에게 제공하는 서비스를 운영 중이다.

임업용 로봇

임업 분야에서도 드론 활용이 증가하고 있다. 산림 자원 조사 · 병해충 감시 · 산사태 및 산불 예방 등 다양한 작업에서 비행기와 인공위성보다 더 정밀하고 접근성 높은 수단으로 주목받고 있다. 특히 라이다 기반의 드론은 산림 지형 및 수목 구조를 고해상도로 스캔할 수 있으며, 기존 인력이 접근하기 어려운 험지에서도 효과적으로 데이터를 수집한다.

농업용 로봇과 비교해 보면, 농업에서는 드론이 무인 헬기와 경쟁하는 반면, 임업에서는 위성 · 항공기와 주로 비교된다. 즉 드론은 소규모 정밀 조사에 적합하지만,

---

32 NDVI (Normalized Difference Vegetation Index): 위성, 드론 또는 항공 센서로 측정한 식물의 활력과 생육 상태를 수치화한 지표

유인 항공 촬영을 하면 비용 부담이 클 수 있다. 참고로 2023년 6월 산림청은 드론을 활용한 산림 병해충 관리 및 방제 기술 개발을 향후 5년간 중점 추진 과제로 포함한 바 있다.

▸▪ 농업용 · 임업용 로봇의 주요 기술 및 핵심 기능

분야	주요 기술	핵심 기능	특징 및 고려 사항
농업용 로봇	자율주행, 비전 기반 작물 인식, 매니퓰레이션, 정밀 파종/수확 제어	파종, 접목, 수확, 제초, 방제, 운반, 퇴비/비료 살포	작물 종류 및 재배 환경에 따라 구조 다양화, 작업 계절성, 내구성 중요
스마트팜 연계	IoT 센서, 자동 관수 시스템, 실내 환경 제어	온실 내 온·습도/조도 조절, 자동 관수/영양 공급	고부가 작물(딸기, 토마토 등) 중심, 실시간 원격제어 및 클라우드 데이터 연동
축산용 로봇	자동 착유기, 센서 기반 사양 관리, 자율 청소 로봇	착유, 사료 공급, 분뇨 청소, 가축 모니터링	가장 상용화된 분야, 위생 관리와 지속 운영의 신뢰성 중요
농업용 드론	GPS, 자율 비행 제어, 멀티스펙트럼/열화상 센서, 분사 시스템	농약/비료 살포, 종자 파종, 생육 상태 모니터링, 병충해 탐지	무인 헬기 대비 저렴, 드론–클라우드 연계로 스마트 농업 실현 가능
정밀 농업 드론	NDVI 분석, LiDAR, 위치 정보 기반 수치화 분석	식생 지수 측정, 수확량 예측, 맞춤형 투입 조절	환경 데이터 시각화, 소규모 필지 최적화에 강점, 대규모는 위성/항공기 대비 한계 존재
임업용 드론	LiDAR, 장거리 통신, 고정밀 지도화	산사태·병충해 탐지, 산림 상태 모니터링, 자원 조사	사람의 접근이 어려운 산지 활용성 높음, 기존 위성/항공기보다 세밀하지만 단가 높음
임업용 로봇	경사 주행 메커니즘, 수목 판별 비전 AI, 벌목 보조 매니퓰레이터	벌목/운반, 산림 경계 탐색, 안전 모니터링	고하중 견디는 구조와 내구성 요구, 임도 접근 제한 지역의 반자동화 수요 존재

자연환경이라는 비정형 공간에서 작동하는 이 로봇들은 제4장에서 설명한 시각 기반 판단 기술과 경로 계획, 제5장에서 소개한 다양한 실패 시나리오에 대한 학습 전략이 종합적으로 요구된다. 주변 환경을 읽고 반응하는 방식은 인간의 생태 감각과 유사한 '물리적 지능'의 상징일 수 있다.

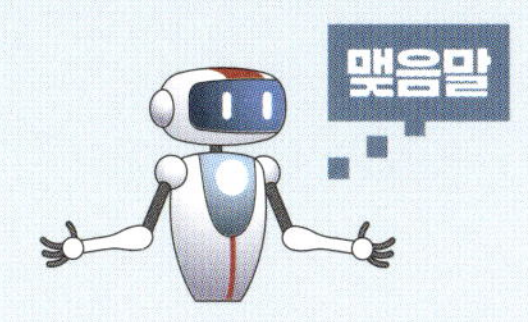

철학적 질문에서 출발한 이 책의 여정은 감각을 다루는 이론적 사유(제1장과 제2장), 그 사유를 구현하는 기술적 구조(제3장), 세상을 읽고 해석하는 기능적 기술(제4장), 로봇이 학습하고 성장하기 위한 인간의 역할(제5장)등을 거쳐, 마침내 오늘날 로봇들이 실제로 어디서 어떻게 활약하고 있는지를 보여주는 장면(제6장)으로 이어졌다.

이 책을 처음 집필할 때, 인공지능이라는 매력적인 주제를 로봇과 연결해 보고 싶다는 기대감과 함께 막연한 걱정도 있었다. 또다시 로봇 기구학 공식과 선형대수, 제어 이론, 각종 알고리즘 및 프로그래밍 코드 발췌본, 메커니즘 구조 도면 등으로 책을 채워가지 않을까 하는 걱정이 든 것이다. 이미 훌륭한 이론서가 충분히 나와 있으니, 같은 작업을 반복하는 데에는 별다른 의미가 없다고 생각했기 때문이다. 그래서 어려운 길일지라도, 다른 방식으로 접근해 보고 싶었다.

오늘날에는 알고리즘과 개발 도구, 정교한 센서와 소프트웨어 등 새로운 기술이 쉴 새 없이 쏟아지고 있다. 이처럼 시대가 급변하는 만큼, 로봇에 관심을 둔 이들이 길을 잃지 않도록 돕고 싶다는 생각도 있었다. 특히 로봇 개발을 기획하고 실제로 로봇을 구현하려는 이들에게 명확한 방향을 제시하고자 했다. 여기에 욕심을 부리자면, 기술 너머에 있는 철학적 영감을 이 책으로 전하려는 목적도 있었다. 단순히 기술 발전을 논하는 것을 넘어 로봇의 본질이 무엇인지를 깊이 통찰해야 하는 시대가 다가왔다고 생각해서다. 이를 위해 '지능'이라는 단어를 책의 중심에 뒀다.

신경망 기반의 인공지능은 컴퓨터 비전·음성인식·로봇 제어 등 다양한 분야에서 이미 범용성을 증명해 왔다. 이미지와 음성, 움직임이라는 서로 다른 형태의 데이터를 처리하면서도, 모든 데이터가 공통된 학습 구조에서 작동한다는 점은 매우 흥미롭다. 그것은 마치 인간의 감각과 판단, 기억과 의도를 디지털로 구현하는 한 틀처럼 보였다. 이처럼 신경망은 문제 해결 도구뿐만 아니라, 세상을 이해하고 해석하는 유연한 인식 기제이자 해석기다.

로봇이 세상을 배우고 반응하는 방식은 곧, 인간이 세계를 배우고 살아가는 방식과도 닮았다. 이제 로봇은 단지 물건을 옮기고 반복 작업을 자동으로 해내는 기계가 아니다. 감각 정보를 융합해 환경을 인식하고, 스스로 판단하며, 인간과 협력하는 '물리적 지능'(Physical Intelligence)을 갖추고 있다.

구글 딥마인드가 개발한 최근 사례는 멀티모달 AI가 언어, 시각, 동작을 통합해 공간적 사고를 기반으로 정밀한 조작을 단일 시스템에서 구현할 수 있다는 가능성을 보여준다. 몇 번의 짧은 시연만으로 새로운 작업에 적응하고, 다양한 로봇 형태에 이식될 수 있는 범용성은 단지 기술적 진보에 그치지 않는다. 이것은 곧 "지능이란 무엇인가?", "존재란 무엇인가?"라는 철학적 질문으로 이어진다.

이 책은 '학습하는 로봇'이라는 기술 개념에서 출발해, '자기 인식'과 '자기 연행성'이라는 철학적 사유로 내용을 확장했다. 이제 로봇은 인간의 노동을 단순히 대체하는 존재가 아니라 함께 고민하고 판단하며 살아가는 존재로 나아가고 있다. 따라서 우리는 "로봇이 무엇을 할 수 있는가?"를 넘어서, "로봇은 무엇을 해야 하는가?", "로봇은 어떤 존재가 돼야 하는가?"라는 새로운 질문을 던져야 한다.

책의 첫머리에서 앨런 튜링이 제기한 물음을 언급한 바 있다. "기계는 생각할 수 있는가?"라는 이 질문에 이어 다음의 질문들이 이어진다.

“기계는 스스로 이해할 수 있는가?”

“로봇은 자신의 판단에 책임질 수 있는가?”

“기계와 인간은 함께 살아갈 수 있는가?”

이 책의 목적은 위 질문들에 명확한 정답을 제시하는 것이 아니었다. 오히려 나는 이 물음들 앞에서 정직하게 사유하고, 기술의 가능성과 한계를 함께 성찰해 보고자 했다. 이 과정에서 다시금 확신하게 된 사실이 있다면, 기술 진보만큼이나 중요한 것은 사유의 깊이이며, 기계를 향한 질문은 곧 인간을 향한 질문이라는 점이다.

기술은 단지 도구가 아니라 존재에 대해 질문하는 또 다른 방식이며, 지능을 구현하려는 여정은 결국 인간과 기계가 서로를 이해하고, 함께 살아가기 위한 문을 여는 작업이 된다. 이 책이 그러한 문 앞에 선 당신에게, 작은 불빛이 되기를 진심으로 바란다.

유승남

부록

AI 기반 데모 앱(비전, 자연어, 추론 등)

앱 이름	플랫폼	기능	특징
Google Teachable Machine(웹 기반)	모바일 웹	웹캠·마이크로 간단한 AI 훈련	직접 라벨링·학습·분류 경험 가능
Seeing AI(Microsoft)	iOS	시각장애인용 객체/문자/인물 인식	실시간 컴퓨터 비전 데모
AI Test Kitchen (by Google)	Android/iOS	LLM 기반 AI 대화·추론 실험	실험용 Gemini/GPT-like 모델 체험
ChatGPT(OpenAI)	Android/iOS	언어 추론 및 지식 응답 AI	책 주제와 연결한 프롬프트 실험 가능

로봇 시뮬레이션 및 조작 앱

앱 이름	플랫폼	기능	특징
Robotify	Android/iOS	브라우저 기반 가상 로봇 코딩 실습	초중고 학생용이지만 직관적 시뮬레이션 가능
VEXcode VR	모바일 웹	로봇 이동·센서·제어 시뮬레이션	Python/Block 코딩 가능
TinkerCAD Circuits + Codeblocks	모바일 웹	서킷·로봇 기본 시뮬레이션	초간단 MCU 기반 로봇 논리 실험
RoboLogic	iOS	로직 기반 로봇 제어 퍼즐	행동 계획 훈련과 유사한 직관적 체험
CoppeliaSim Viewer	Android	로봇 시뮬레이터 뷰어 (PC 연동 필요)	Unity 기반 시뮬레이션과 연동 가능 (전문적)

AR 기반 로봇/AI 체험 앱

앱 이름	플랫폼	기능	특징
Merge EDU + Merge Object Viewer	Android/iOS	3D AR 객체·로봇 조작 체험	Merge Cube 활용 시 로봇 3D 상호작용 가능
JigSpace	iOS	AR로 로봇 구조·작동 설명	'로봇 팔이 작동하는 구조' AR 체험 가능
AR Makr	iOS	증강현실로 개체 구현	기본 구조·기능을 AR로 디자인해보기 가능

찾아보기

일러스트 남지우

프리랜서 일러스트레이터. 대학에서 디자인과 함께 공학을 공부한 색다른 이력의 그림 작가. 전공 이력을 살려 정확한 지식을 바탕으로 독자들에게 흥미롭고 유익한 정보를 전달하려고 노력한다. 과학을 어렵고 지루한 것으로 느끼는 사람들에게 과학의 재미와 가치를 알려주는 게 목표다. 그동안 과학 도서, 과학 잡지, 과학 교육 자료 등 여러 삽화 작업에 참여했다. 그린 책으로 《자동차 자율주행 기술 교과서》《자동차 연비 구조 교과서》《인공지능 구조 원리 교과서》《어린이 비행기 구조 대백과》《80일간의 세계 일주》《죄와 벌》 등이 있다.

AI 로봇 구조 교과서

엔비디아 · Figure AI · 테슬라, AI 산업의 패권을 결정할 로봇 메커니즘 해설

1판 1쇄 펴낸 날 2026년 1월 15일

지은이 유승남
일러스트 남지우
주간 안채원
책임편집 윤대호
편집 채선희, 윤성하, 장서진
디자인 김수인, 이예은
마케팅 함정윤, 김희진

펴낸이 박윤태
펴낸곳 보누스
등록 2001년 8월 17일 제313-2002-179호
주소 서울시 마포구 동교로12안길 31 보누스 4층
전화 02-333-3114
팩스 02-3143-3254
이메일 bonus@bonusbook.co.kr
인스타그램 @bonusbook_publishing

ISBN 978-89-6494-776-0 03550

• 책값은 뒤표지에 있습니다.